秸秆预处理及组分分离技术

申 锋 王洪亮 李 虎 等 著

中国农业出版社
北 京

著 者 名 单

申　锋　　王洪亮　　李　虎　　陈思玮　　姚宗路

马志辉　　朱文磊　　王一惠　　于晓娜　　王亦彤

郭海心　　仇　茉　　杨吉睿　　郭宏瑞　　谭金玉

黄金术　　陈嘉胜　　张　笑　　徐思瑜　　杨　帆

武荷涓

目 录
Contents

第1章 秸秆资源简介

1.1 全国秸秆资源产生情况

秸秆是农业生产的副产品，指小麦、玉米、稻谷和棉花等农作物收获籽粒和果实后剩余的部分，包括作物的茎和叶这两种地上部分。其主要成分是光合作用产物，包括木质纤维素和蛋白质等有机质，此外也富含氮、磷、钾等无机矿物元素[1]。

秸秆作为一种多用途的可再生生物质资源，在全球范围内每年的产生量极为巨大，可达近 40 亿 t[2]，而我国的秸秆资源产量占据世界第一位，约占全球秸秆资源总量的 1/5[3]。据统计，2020 年以来我国秸秆资源平均年产量为 9.4 亿～9.7 亿 t[4]，其中 2021 年全国农作物秸秆产量 8.65 亿 t[5]，2022 年的总产量更是高达 9.77 亿 t[6]。除了产量大之外，我国秸秆资源还明显存在着分布广和种类多的特点，这直接影响着对它的收集以及后续利用。

目前我国在秸秆资源量估算方面普遍采用草谷比法，其中秸秆理论资源量为作物产量与该农作物草谷比的乘积，可收集秸秆资源量为理论资源量与收集系数的乘积。相关研究[3]依据 2020 年农作物产量数据和草谷比法计算出我国 2020 年农作物秸秆资源量相关数据。其中，农作物产量数据参考自国家统计局统计年鉴，它收集了全国及地方的农作物产量数据，包括小麦、玉米、水稻、其他谷类、豆类、棉花、麻类、油菜、花生、芝麻、薯类、甘蔗和甜菜等农作物的相关数据。

从农作物秸秆的来源结构来看，如图 1-1 所示，其中玉米 2.64×10^8 t（占 34.19%）、水稻 2.19×10^8 t（占 28.4%）、小麦 1.66×10^8 t（占 21.45%）、其他谷物 1.08×10^8 t（占 1.4%）、豆类 2.66×10^7 t（占 3.4%）、棉花 1.76×10^7 t（占 2.28%）、油菜 2.63×10^7 t（占 3.4%）、花生 2.3×10^7 t（占 2.97%）、薯类 6.3×10^6 t（占 0.82%）、芝麻 9.19×10^5 t（占 0.12%）、麻类

4.79×10^5 t（占 0.06%）、甘蔗 6.48×10^6 t（占 0.84%）和甜菜 5.15×10^6 t（占 0.67%）。可以看出，农作物秸秆以水稻、小麦和玉米为主，三者秸秆资源量之和达 6.49×10^8 t，约占总量的 84%。

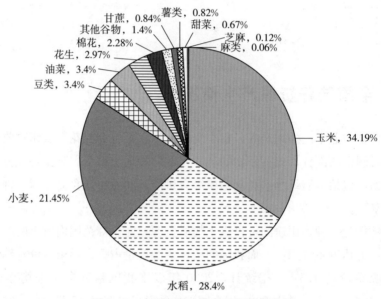

图 1-1　全国各种农作物秸秆产量比例

从秸秆资源的空间分布来看，2020 年全国秸秆产量的各省份分布如表 1-1 所示，其中秸秆资源量≥6 000 万 t 的省份包括河南、黑龙江和山东，三者中产量最高的是河南省，达到 8 856.4 万 t；资源量在 4 000 万～6 000 万 t 之间的省份包括内蒙古、河北、江苏和安徽；资源量在 2 000 万～4 000 万 t 之间的有吉林、辽宁、湖南、湖北、四川、江西、云南和新疆；其余地区的秸秆产量均少于 2 000 万 t。从各类秸秆资源的地区分布来看，小麦秸秆的产区以华北区为主，其中河南省小麦秸秆资源最为丰富，达到 4 803.97 万 t；水稻秸秆的产区以长江中下游区和东北区为主，其中黑龙江的产量最大，约为 3 185.82 万 t；玉米秸秆的产区以东北区和华北区为主，其中内蒙古和黑龙江资源较为丰富，分别达到 2 989.54 万 t 和 3 318.41 万 t。秸秆资源产量在空间上的分布主要受各地降水、气候以及地形等自然环境因素的综合影响。

表1-1 2020年我国各省份农作物秸秆产量分布

产量情况	农作物秸秆产量/万 t	省份
高产	≥6 000	黑龙江、河南和山东
中高产	[4 000，6 000)	河北、内蒙古、江苏和安徽
中低产	[2 000，4 000)	辽宁、吉林、江西、湖北、湖南、四川、云南和新疆
低产	<2 000	北京、天津、山西、陕西、甘肃、上海、重庆、贵州、福建、广东、广西、海南、宁夏、西藏和青海

从各地区秸秆资源密度来看，全国 8 个农区，平均每个农区的秸秆资源密度为 4.61t/hm²，具体各农区的秸秆资源密度平均值从低到高依次为：西南区（2.91t/hm²）、华南区（3.08t/hm²）、黄土高原区（3.40t/hm²）、青藏区（3.92t/hm²）、长江中下游区（4.44t/hm²）、蒙新区（4.45t/hm²）、东北区（5.39t/hm²）和华北区（5.42t/hm²）。各地区人均秸秆资源占有量从低到高依次为：华南区（0.20t）、青藏区（0.33t）、西南区（0.37t）、黄土高原区（0.40t）、长江中下游区（0.44t）、华北区（0.47t）、蒙新区（1.20t）和东北区（1.46t）。该数据与各地区人口数量有直接关系，比如南方的西南区、华南区和长江中下游区等地秸秆资源量相对有限但人口较多，因此人均秸秆资源占有量较少。相反，东北区不但人口数量相对较少，而且秸秆资源量相对丰富，这使得人均秸秆资源占有量相对其他各区更高。而青藏区人均占有量偏低的情况与之不同，其主要是受自然条件的影响，位于高寒自然区，气候和地形明显限制了该地区作物的生长，导致秸秆资源量有限。从总的分布情况来看，我国农作物秸秆资源密度和人均占有量具有明显的"两高两低"的特点，即单位播种面积秸秆资源量"东高西低"和人均秸秆占有量"北高南低"[7]。

1.2 秸秆资源的收储运

1.2.1 秸秆收集、存储、运输过程

秸秆收集主要有三种模式[8]，一是对于农业机械化程度较低或地形较差的地区，主要依靠人工与小型运输车配合的方式对田间秸秆进行收集。二是在地形良好的地区，作物秸秆在收获后已经被割断但未被粉碎，可利用方捆打捆机对其进行捡拾并直接打捆，然后放在田间。三是对于秸秆部分较长的农作物而

言，在农机化收获过程中秸秆可以被直接破碎成为 8～10cm 的长段散落在田间，然后采用大方捆或圆捆打捆机对其进行捡收打捆，然后置于田间。需要注意的是，这三种模式均须先对农作物秸秆进行适当晾晒，直到秸秆的含水量适宜时才能进行收集作业。

秸秆存储主要有两个过程，分别是田间存储和集中存储。对于田间直接完成打捆的秸秆，在集中存储前应确保含水量已达到合适条件方可进行集中存储。秸秆存储还主要包括三种形式，分别是露天形式、覆盖形式和密封形式。露天形式是指将秸秆直接暴露在自然环境中进行存储；覆盖形式是指存储时采用防水材料遮盖在秸秆堆垛上方；密封存储是指采用具有密封性材料将秸秆堆垛整体包裹密封，实现防水防潮。不同地区所采用的存储形式一般不同，例如东北地区与南方地区相比，存储时间主要在冬季，降水明显要少且空气湿度明显要低，所以常采用覆盖形式或露天形式，而南方地区则更适合密封形式。

秸秆运输通常并非单个过程，首先需要秸秆离田，运输车辆（以配套拖车厢的拖拉机为主）进入田间收集秸秆捆，进行离田运输至目的地；其次，如果秸秆先被送达存储站，还需要卸车、堆垛和暂时存储等步骤；最后是对存储站内秸秆的大批量运输与转移，利用大型货车将秸秆运至养殖场、电厂、肥料厂等应用点进行资源化利用。

1.2.2 秸秆的收储运模式

目前，秸秆收储运模式大致可分为以下四种[9]。

模式 1：田间晾晒后收集—装载运输—资源利用。

这种模式适用于单季农作物种植地区，储存成本相对较低。秸秆售卖的时间和价格相对灵活，由农民自己决定。该模式无法保证秸秆的连续供应与工厂的连续稳定性运行，适合一些对秸秆需求量较小的小型企业。

模式 2：田间收集—收储点储存—资源利用。

这种模式适用于两季或多季作物。由于每轮作物种植间隔时间较短，农民常将田间秸秆低价售卖甚至无偿送给秸秆经纪人，秸秆经纪人再将秸秆归入专用收储点进行统一晾晒储存和管理，并与应用点进行衔接。该模式增加了秸秆二次运输和储存点管理的费用。

模式 3：田间打捆—收储点储存—资源利用。

这种模式可有效减少收集过程的人工费和秸秆运输成本，能减小存储空间，也能减少储运过程中的秸秆损失。该模式需要移动式打捆机驶入田间，因此对农田地形有一定要求。

模式4：田间收集—收储点打捆储存—资源利用。

这种模式在收储点进行打捆，由于秸秆资源量大且集中，便于收集，因此适合采用固定式打捆。这种方式先将秸秆粗粉再进行固定打捆，打捆密度明显高于移动式打捆，打捆量也较大，可达500～800kg。

四种秸秆收储运模式中，前两种属于松散收集，较明显的缺点是人工收集效率低、秸秆储存占地面积和占用空间大、秸秆含水量不易控制、露天存放易发霉且存在较大火灾隐患等。而后两种采用秸秆打捆收集，有效节省了储存空间、保证了原料质量、增加了储存时间，便于可机械化作业地区推广，可在一定的程度上保证秸秆原料对应用点的持续供应[10]。四种模式的成本比较要从原料费、收集人工费、打捆费、运输费和存储管理费等方面综合考虑。其中运输费用的占比较大，尤其是秸秆从田间运至存储点或应用点的过程，实际调研结果显示该过程农民一般使用农用车完成，所以该段运输距离不宜过长[11]。相关调研显示，当收集半径在15km时，四种模式的成本从低到高的顺序是：模式4＜模式2＜模式3＜模式1[9]。而四种模式的经济效益评估需要考虑收集半径及其相应的成本和秸秆原料价格等，相对来说较为复杂。此外，除了经济效益，应用点也会结合自身需求选取合适的收储运模式。比如，当前国内具有一定规模的能源利用工程对于秸秆的收储运大多采用"模式3"[12]。

1.3 秸秆资源化利用方式

我国的秸秆资源化利用方式以"五料化"为主。据统计，2021年我国秸秆利用量达6.47亿t，秸秆综合利用率为88.1%，与2018年相比增长了3.4%[13]。基本上已形成"农用为主、五化并举"的格局，"五料化"利用率分别为：肥料化占60%、饲料化占18%、燃料化占8.5%、基料化占0.7%、原料化占0.9%（图1-2）。三大粮食作物玉米、小麦和水稻的秸秆资源化利用率分别达到87%、92.1%和89.6%，均处于相对较高的利用水平。

农作物秸秆资源台账显示，2021年我国秸秆还田量为4亿t，其中玉米、小麦和水稻秸秆的还田量分别达1.26亿t、1.04亿t和1.13亿t，分别占三者可收集量的42.6%、73.7%和66.5%。近些年，国家因地制宜地推行秸秆

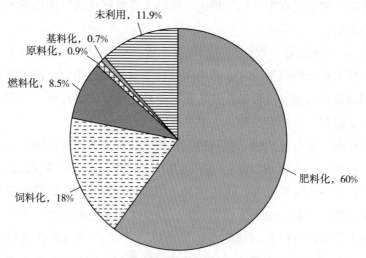

图 1-2　全国农作物秸秆利用及未利用比例

碎混还田、秸秆翻埋还田和秸秆覆盖还田等科学秸秆还田措施，带来的生态效益正逐步显现。据农业农村部对全国选取的 32 个点位的监测结果显示，经秸秆还田处理后土壤中有机质含量平均增长 5%～7%，农作物实现增产 2%～4.5%。此外，我国秸秆离田效能也持续提升，2021 年秸秆资源的离田利用率达到了 33.4%。秸秆综合利用坚持"农用为主、多元利用"的方向。

1.3.1　肥料化利用

（1）秸秆翻埋还田。该技术就是玉米、小麦等农作物经机械收获同时直接将秸秆就地粉碎，或者摘穗后的秸秆经粉碎机粉碎后均匀地抛撒在田间，之后随翻耕入土，使之在土壤中腐烂被微生物分解。这种方式能较好地把秸秆中全部营养物质保留在土壤中。需要注意的是，犁耕深度须在 30cm 以上，且该方法不适用于高寒山区[14]。秸秆碎混还田技术与之相类似，只需要再混合施入氮肥和复混肥，且耙（旋）深度一般在 15cm 以上。

（2）旋耕混埋还田。该技术主要包括秸秆粉碎、破茬、旋耕以及耙压等农机化作业步骤。秸秆碎片通过旋耕被直接混埋在土壤表层或浅层中。这种技术一般需要对秸秆进行两次粉碎，秸秆粉碎后的长度应＜10cm，并需要对土地进行两次旋耕。

（3）秸秆覆盖还田。这种技术中秸秆经粉碎后被直接覆盖在土地表面，可以有效减少土壤中水分蒸发，起到保墒的作用，只适合于机械化点播。秸秆覆盖技术主要包括以下方式：①直接覆盖，是指用秸秆直接覆盖农田，然后与免耕播种结合，这样蓄水、保湿、增产的效果较为明显。②高留茬覆盖，是指小麦和水稻收割后留茬 20～30cm，之后通过农机犁地翻入土中。③浅耕覆盖，是指利用旋播机或旋耕机对被秸秆覆盖的农田进行浅耕处理。④条带式覆盖，是指利用条带耕作机一次性地完成秸秆归行、深松、灭茬碎土等作业，操作时需要调整好深松和灭茬碎土的深度，此外，还可以选用秸秆归行机先对秸秆归行。

（4）快速腐熟还田。这种技术利用微生物腐熟剂完成秸秆快速发酵腐熟处理，然后将其直接用于还田。采用快速腐熟还田技术，不仅可以改善土壤结构与理化性质，而且形成腐殖质的积累与更新，改善土壤耕性。该技术在南方和北方的应用方式略有差别，在北方应用比较广泛的主要是秸秆粉碎腐熟还田和秸秆沟埋腐熟还田两种。

（5）秸秆生物反应堆。该技术的原理是在秸秆中添加一定量的微生物菌剂，将秸秆好氧发酵为二氧化碳和有机质等供给作物，这样既能够满足农作物光合作用对二氧化碳的需求，还能为土壤增加有机质和养分，同时实现土壤保温[15]。该技术应用起来比较简单，运行成本较低，增产效果较明显，较适合用于大棚中蔬菜等经济作物种植。

（6）堆沤还田。该技术是将秸秆经堆沤发酵后制成有机肥，施入土壤。具体步骤是，堆沤前秸秆先经粉碎机或铡草机破碎，碎秆长度以 1～3cm 为宜，含水量控制在 70% 左右，之后将适量已腐熟的有机肥混入，均匀搅拌后成堆放置，并对其进行密封处理。经过约半个月即可完成堆沤过程，秸秆腐熟的标志是肥堆呈现褐色或黑褐色，干燥时易破碎，湿时手握柔软有弹性，腐熟后可直接施入农田。堆沤还田包括好氧发酵与厌氧发酵两种形式。好氧发酵是堆内设有通风沟，形成好氧氛围；厌氧发酵是将秸秆堆封闭不通风，形成厌氧环境。发酵可以加速秸秆分解成腐殖质，形成有机肥用于还田。堆沤肥新技术由于高效快速且不受农时限制，备受农民欢迎。

（7）过腹还田。该技术中秸秆被用作饲料，在猪、牛、羊等畜类腹中经消化后部分营养物质（如糖类、蛋白质和纤维素等）被吸收，然后被排出，形成粪、尿等排泄物，作为有机肥被施入农田，可增加地力且无副作用。秸秆过腹还田技术不仅能增加畜产品，还能增加大量农用有机肥，降低农业生产中所需肥料的成本，促进生态农业良性发展。

（8）炭化还田。该技术将秸秆经热解转化成富含稳定有机质的秸秆炭，之后直接进行还田或将其制备成炭基肥料还田，以改良土壤结构与性状。秸秆炭热解工艺能实现"炭气联产"的效果，热解过程产生的少量氢气、一氧化碳、甲烷气体将被回收，进行再利用。目前，生产炭基肥的主要工艺是将秸秆炭与化肥混合作为原料，经进一步加工制成复合炭基肥，或与微生物混配制成炭基微生物肥。

1.3.2 饲料化利用

（1）秸秆青（黄）贮技术。该技术就是在适宜的条件下，通过密闭设施为有益菌（乳酸菌等厌氧菌）提供有利的繁殖条件，使秸秆中嗜氧性微生物逐渐失活甚至死亡，进而达到对多种微生物的抑制和杀灭，实现更好保存饲料的目的。由于秸秆在青贮过程中微生物会发酵产生有用的代谢物，使其带有芳香气味和酸、甜等味道，可以显著提高对食草牲畜的适口性。

（2）秸秆碱化/氨化技术。该技术的机理包括：①碱化作用，可使秸秆中纤维素和半纤维素与木质素分离，并造成细胞壁膨胀使秸秆结构变得疏松，利于反刍家畜的瘤胃液渗入，进而提高秸秆消化率；②氨化作用，氨与秸秆中有机物发生反应，生成非蛋白氮化合物——醋酸铵，这是反刍家畜瘤胃中微生物所需的营养源，能够用于合成菌体蛋白质，进而被动物所吸收，实现秸秆营养价值与消化率的提高；③中和作用，氨能与秸秆中潜在的酸性物质发生中和反应，为瘤胃微生物创造良好的生长与繁殖环境。目前在我国，秸秆碱化/氨化技术方法中的窖池法、堆垛法、氨化袋法和氨化炉法被广泛采用。

（3）秸秆压块（颗粒）饲料加工技术。该技术是指将农作物秸秆经切碎或揉搓粉碎后，按一定的配方与饲料添加剂及其他农副产品相混合搭配，再经高温高压轧制形成具有高密度的块状饲料。这种技术可将非蛋白氮、维生素、微量元素和添加剂等成分加入饲料中，使饲料营养元素均衡。

（4）秸秆揉搓丝化加工技术。这种技术具备秸秆破碎处理的所有优点（包括便于牲畜咀嚼，可提高采食量，减少浪费），而且能将纤维素、半纤维素与木质素分离，同时由于秸秆丝较长，使其在动物瘤胃内的停留时间延长，利于消化吸收，进而既提高了秸秆采食率又提高了转化率，实现双重功效。

（5）秸秆汽爆膨化技术。先将玉米秸秆进行粉碎，再通过膨化机对其进行汽爆膨化，膨化后的熟料秸秆中添加微生物益生菌，然后压实打包进行发酵。

通过这种方式得到的饲料能保存两年以上。在加工过程中，秸秆经过汽爆处理，含有的木质素发生裂解熔化，半纤维素被降解，同时中性洗涤纤维也显著减少，从而提高粗饲料的综合评价指标，使之成为优良饲料。

（6）ZL-高效能草秆生物饲料技术。这是一种由我国科研人员经过多年研究开发出来的技术。它主要是借助生物法和化学法的双重作用，将作物秸秆有效转化为具有高营养和高效能的生物饲料，可替代部分粮食饲料用于喂养禽畜和鱼类，能降低养殖成本30%～60%。

1.3.3 基料化利用

（1）秸秆基料食用菌种植技术。该技术是指以秸秆为主要原料，经混入其他原料或高温发酵后加工制成菌类培养基质，为菌类生长提供良好的条件，也能提供一定的营养物质。如麦秸和稻秆等禾本科秸秆既可作为栽培草腐生菌类的原料，又可为这种菌类提供碳源，通过与牛粪、麦麸或米糠等搭配增加氮源，便能培育出食用菌，采收后的菌糠经高温堆肥后还能还田，实现循环利用。

（2）秸秆植物栽培基质技术。这种技术以秸秆为主要原料，通过添加其他有机废弃物对其进行 C/N、物理性状（如孔隙度和渗透性等）的调节，并加水对物料的含水率进行调节，使含水率维持在 60%～70%，在干燥通风的条件下进行有氧高温堆肥，经过腐殖化与稳定化后，便可形成良好的无土栽培基质。

1.3.4 燃料化利用

（1）秸秆固化成型燃料利用技术。作为燃料，2t 秸秆的热值与 1t 煤的热值相当，而且秸秆的平均含硫量比煤低[16]。秸秆固化成型燃料技术是利用木质素作为黏合剂，通过挤压成型将松散的秸秆制成颗粒状、块状或棒状的燃料。这是一种优质燃料，具有易燃、洁净、便于存贮与运输、易于产业化生产等优点。

（2）秸秆热解气化技术。这种技术以生物质为原料，以氢气或水蒸气等作为气化介质，通过高温下的热化学反应，实现大分子的化学键断裂，将秸秆生物质的可燃部分转化成可燃气体。这种可燃气体的有效成分主要为一氧化碳、氢气和甲烷等，被称为生物质燃气。

（3）秸秆热解干馏技术。这种技术主要过程是，先将秸秆干燥和粉碎，之后在干馏釜中无氧或缺氧的条件下进行热解，制取甲醇、醋酸、木馏油、木焦油和木炭等产品。根据干馏温度的不同，可将其分为低温干馏（500～580℃）、中温干馏（660～750℃）与高温干馏（900～1 100℃）三种。

（4）秸秆厌氧发酵产沼气技术。该技术是一种以沼气池为发酵载体，以秸秆为主要原料，经厌氧发酵生产沼气的技术。沼气是一种含有多种成分的混合气体，一般以甲烷（CH_4）为主，占50%～70%；其次是二氧化碳（CO_2），可占30%～40%；其他成分如硫化氢（H_2S）、一氧化碳（CO）和氢气（H_2）等含量极少。这种技术主要有三种形式：①秸秆湿法厌氧发酵，这种形式物料的含固率较低（一般<10%），在开始发酵反应前，需加入水或新鲜粪污对料液浓度进行调节。其在国内外发展都较为成熟，应用广泛。②秸秆干法厌氧发酵，这种形式厌氧反应器中底物含固率较高（20%～40%），通常在无流动水前提下对秸秆进行分解，具有容积产气率高和秸秆处理量大的优点。③秸秆干湿耦合厌氧发酵，这种形式将"干法"与"湿法"相结合，先采用湿法发酵粪便[17]，然后将产生的沼液和沼渣与秸秆进行混合，开始干法发酵，实现了利用湿法的沼液、沼渣对干法进行补水、补氮和厌氧菌接种。

（5）秸秆清洁捆烧技术。这种技术先对田间秸秆进行捡拾与打捆，然后在专门的燃烧锅炉中进行焚烧来供热供暖，具有秸秆废弃物处理与供暖利用的双重功效，而且操作简便、运行成本低。

1.3.5　原料化利用

（1）秸秆人造板材生产技术。这种技术中秸秆经干燥、粉碎、分选和混入胶黏剂等步骤后，通过热压形成密实兼具一定强度的板芯，之后在正反两面覆以涂有黏胶的特殊纸板，再次热压形成轻质板材，这种材料被称为秸秆人造板材。其生产过程分为三个工段：①原料处理工段，使用相应机械设备把农作物秸秆打松散，并除去其中沙石及谷粒等杂质，得到干净合格的原材料。②成型工段，原材料经喂料器、挤压成型机与上胶装置等设备处理进行制板。此工段是生产的关键。③后处理工段，通过推出辊台、切割机、封边机、接板辊台和切断设备等，完成对板材的封边与切割。

（2）秸秆复合材料生产技术。这种技术以秸秆纤维作为主要原料，按一定比例混入高分子聚合物及专用助剂等辅料，通过特殊工艺处理，制造出一种可循环利用的新型材料。秸秆复合材料主要包括秸秆生物活化功能材料、超临界秸秆纤维塑化材料、改性炭基功能材料、秸秆/树脂强化型复合材料等。如今，随着高科技手段的融入，秸秆复合材料正不断朝着高附加值和功能化的方向快速发展。

（3）秸秆清洁制浆技术。这种技术有效解决了传统秸秆制浆水耗多、能耗高、效率低和污染重等问题。其主要包括三种方法：①有机溶剂法，利用有机溶剂（或与催化剂共同作用下）的溶解性和易挥发性，使秸秆中木质素分离、溶解或水解，实现木质素与纤维素高效分离。②生物制浆法，利用微生物可以将木素分解的能力，把原料中的木质素去除，使纤维与植物组织分离，形成纸浆。③DMC清洁制浆法，是在秸秆原料中加入DMC催化剂，造成木质素的状态改变，使纤维软化，再将纤维进行机械分离，其间纤维素和半纤维素几乎没有被破坏。

（4）秸秆墙技术。该技术是以秸秆为原料，经压缩成型建造各类建筑物墙体的技术。秸秆墙主要包括两种：一种是以秸秆砖为主体或填充料而建造的墙体，一般用来建造温室大棚和农产品保鲜库等；另一种是采用秸秆板建造的秸秆墙，一般是用来建造各类房屋。

（5）秸秆容器成型技术。该技术利用粉碎后的农作物秸秆为主要原料，向其中添加一定量的胶黏剂，并搅拌混匀，之后利用容器成型机进行压缩成型，再经冷却固化后形成各种秸秆容器产品。这种方法制备的秸秆盆，强度比塑料盆要高很多，而且耐水性和韧性也不错，在环保方面能够达到国家级环保标准。

（6）秸秆木糖醇生产技术。该技术以含有多缩戊糖的秸秆纤维为原料，利用化学法或生物法的作用来制取木糖醇产品。通常，工业化生产木糖醇的工艺采用化学法（具体指催化加氢反应），先将富含多缩戊聚糖的秸秆纤维进行酸性水解、分离提纯来制取木糖，之后通过氢化反应制得木糖醇。

（7）秸秆编织网技术。这种技术主要利用专业的编织机器对麦秸、谷草或稻秆等秸秆材料进行编织，将其制成草毯（即秸秆编织网）。秸秆编织网主要被用在河岸护坡、铁路路基护坡、建筑场地渣土覆盖、风沙防治、垃圾填埋场覆盖等工程中。也可在编织过程中人为掺入各种植物种子和养料，以促进铺设后快速生草，进而增强草毯的防护效果。

（8）秸秆聚乳酸生产技术。该技术的主要步骤是：先将秸秆预处理（包括粉碎和蒸汽爆破等环节）提取出纤维素，再经过酸性水解或酶水解，将纤维素转化成糖类化合物，之后添加菌种进行发酵，将糖类化合物转化为高纯度的乳酸，最后通过化学合成等工艺方法将乳酸分子转化成所需的聚乳酸。所制得的聚乳酸可以替代塑料，用于生产各种可降解的生活用品等。

1.3.6　国外秸秆利用方式

欧美等农业发达国家在秸秆综合利用方面与我国类似，也是以秸秆还田循环利用为主，通常主要采用直接还田或养畜过腹还田的方式，经过多年发展，已经形成了秸秆直接还田作为肥料、厩肥和化肥三种肥料联合使用的施肥制度[18]，其中近 2/3 的肥料来自秸秆还田和厩肥，只有约 1/3 是来自化肥。这与我国一般仍以化肥为主的施肥结构相比，具有明显的差异。从各国大致的秸秆利用情况来看，欧美与日本等国将农作物秸秆资源的 2/3 左右用于直接还田，20% 左右用于秸秆饲料化，剩下的部分（约 13%）则用于原料化与能源化等各个方面。具体数据显示，日本对水稻秸秆进行还田的比例超过了 68%，美国和英国将秸秆直接还田利用的比例分别达到 68% 和 73%[18]。

在秸秆离田利用方面，除秸秆养畜外，一些西方发达国家已经逐步形成了新型能源产业化利用，其中主要包括秸秆沼气、秸秆发电、成型燃料和纤维素乙醇四种。在秸秆沼气方面较为典型的是德国，据德国生物质能研究中心估计，全国每年利用秸秆制造沼气可获得甲烷气体 800 万～1 300 万 t，理论上能满足 400 万辆汽车的能耗；在秸秆发电方面比较典型的是丹麦，它是最早进行秸秆发电的国家，目前已建有秸秆发电站超过 130 座[19]，其中著名的 Energy2 发电厂全年可消耗秸秆 4 万 t，工作时长可达 5 000h，发电量可达 4 900 万 kW·h，能效在 30% 左右，此外，奥地利和丹麦也已经研制出利用秸秆生物质与煤混合燃烧来发电的装置[20]；在成型燃料和纤维素乙醇方面，较为典型的是美国和加拿大，2004 年加拿大的 logen 公司创建了世界上首个木质纤维素乙醇实验工厂，它采用 SHF 法进行生产，日处理秸秆量达到 40t，实现了年产乙醇燃料 3 000t。除此之外，日本在将秸秆加入混凝土中作建造房屋材料，利用秸秆编制网兜和制作艺术品等方面有较好的应用。

1.4　秸秆资源化利用政策

近 20 年来，我国农作物秸秆资源的转化与利用工作备受各界关注，对此国家也高度重视，近年来聚焦农业农村发展的中央 1 号文件都有涉及，对作物秸秆综合利用的方向和路径等方面提出了明确要求，做到了从国家的大政方针角度来进行指导。相应地，秸秆禁止焚烧和综合利用政策常见诸各相关部门规章。此外，我国还制定了关于秸秆禁止焚烧和综合利用的法律法规，上升到法律层面，提升了强制性。这些举措坚实有力地推进了我国农作物秸秆综合利用的发挥。

1.4.1　现有政策及其演进

（1）秸秆焚烧管理。以前由于没有很好的资源利用方法与政策，农作物秸秆在农村多被直接露天焚烧处理，这不仅污染空气还会带来火灾隐患。对此，我国政府早在 20 世纪便已开始出台秸秆焚烧管理相关的政策。1965 年国务院发布的《关于解决农村烧柴问题的指示》，对当时较为短缺的秸秆资源在农村烧柴和还田之间作出统筹安排。20 世纪 80 年代中后期，在改革开放大背景下，秸秆露天焚烧的问题开始凸显，国家开始出台关于秸秆禁烧管理与综合利用的政策，侧重于秸秆禁烧，并以此促进综合利用。1997 年农业部下发《关于严禁焚烧秸秆切实做好夏收农作物秸秆还田工作的通知》和《关于严禁焚烧秸秆做好秸秆综合利用工作的紧急通知》等文件，标志着国家开始秸秆禁烧管理。1999 年国家环保总局联合其他相关部门发布了《秸秆禁烧和综合利用管理办法》。2000 年修订的《中华人民共和国大气污染防治法》首次将秸秆禁烧纳入国家法律，秸秆禁烧有了法律依据。2002 年和 2004 年修订的《中华人民共和国农业法》和《中华人民共和国固体废弃物污染环境防治法》进一步为秸秆禁烧提供法律规定。2015 年 8 月修订的《中华人民共和国大气污染防治法》，为我国秸秆禁烧管理提供了主要法律依据，沿用至今。2021 年，国家进一步强化各级地方政府的主体责任，对秸秆焚烧问题开展重点时段的专项核查，专门强调要对我国东北地区秸秆焚烧现象较为严重的情况加强管控。

（2）秸秆综合利用。我国秸秆综合利用政策萌芽期大概是新中国成立后到 20 世纪 80 年代。这一阶段属于农作物秸秆的传统利用时期，政策上对秸秆资源利用的相关利益调整还比较少。1979 年十一届四中全会通过的《中共中央关于加快农业发展若干问题的决定》，对推广农作物秸秆制有机肥等还田技术提出了明确要求。1982 年发布的中央 1 号文件《全国农村工作会议纪要》提出，为改善农业生产条件、增加土壤有机质实施秸秆还田技术[21]。21 世纪初，秸秆综合利用政策进入探索期。2004—2007 年发布的中央 1 号文件关于秸秆利用主要聚焦在秸秆饲料、秸秆气化和秸秆发电方面，利用途径较为单一。

政策发展期大致是 2007—2016 年。2009 年 1 月施行的《中华人民共和国循环经济促进法》中再次从国家层面明确对秸秆综合利用的鼓励与支持。2011 年，《"十二五"农作物秸秆综合利用实施方案》经国家相关部委联合制定，确立了"农业优先、多元利用""市场导向、政策扶持""科技推动、强化支撑""因地制宜、突出重点"的基本原则[22]，以国家行政规范性文件形式提出将秸秆饲料化、肥料化、基料化、原料化、燃料化作为综合利用的重点发展领域，自此"五料化"在我国成为秸秆资源化利用的主要方式和秸秆利用分类的基本方法[23]。2015 年发布的《农业部关于打好农业面源污染防治攻坚战的实施意见》和《中共中央 国务院关于加快推进生态文明建设的意见》，明确了"一控两减三基本"的基本目标和 2020 年农作物秸秆综合利用任务目标（实现利用率超 85%），明确将推进秸秆废弃物资源化作为生态文明建设的一个重要任务。在党的十八大明确生态文明建设战略以来，我国逐步构建起了秸秆资源化利用政策的基本框架。

政策深化期大概从 2016 年开始至今。这一时期我国政府开始推进区域化秸秆综合利用长效机制的构思与探索。2016 年，国家发展改革委联合相关部门发布了《关于印发〈绿色发展指标体系〉〈生态文明建设考核目标体系〉的通知》，把秸秆综合利用率纳入两个体系中，进一步深化相关政策。2017 年发布的《关于实施农业绿色发展五大行动的通知》《东北地区秸秆处理行动方案》将农业部指导的秸秆综合利用工作具体化、区域化。2019 年的《关于做好农作物秸秆资源台账建设工作的通知》引导了我国秸秆资源台账的建设，将其作为重要数据支撑和理论依据服务于相关工作，标志着我国秸秆管理更为科学化。同年，农业部发布的《关于全面做好秸秆综合利用工作的通知》提出秸秆资源的"全域全量利用"。在此阶段我国还发布了《秸秆农用十大模式》《秸秆综合利用技术目录（2021）》和《秸秆"五料化"利用技术》等重要文件。2021—2022 年国家从农业绿色发展的角度提出全面推进秸秆综合利用实施的要求。自此，我国相关政策发展不断深化，发展目标更为符合农业生态绿色发展的新要求。

（3）秸秆能源产业规划。早在 2004 年，我国就在河北和山东部分地区建立起秸秆生物质发电工程示范项目。据统计，2005 年全国秸秆资源产量近 6

亿 t，其中可作能源使用的约占 50%。"十一五"期间，我国生物质发电装置发展迅速，但缺乏管理与规划经验，导致出现同一地区重复建设、农作物秸秆供应不足等问题。对此，2010 年国家规定"电厂应合理布局，每个县或者100km 范围内不得重复建设"，两年后又制定了"十二五"期间相关的发展规划，提出要有序发展生物质发电，并在 2015 年实现 800 万 kW 的生物质发电装机容量目标。2016 年热电联产在我国开始兴起，成为我国生物质发电的发展新方向。2019 年以后，国家更加注重多样化的秸秆能源化发展，推动生物质发电的补贴退坡并引导市场化运作机制的逐渐形成。

(4) 补贴政策。2007 年，财政部与国家发展改革委规定，国家财政会对秸秆成型燃料和生物质气化项目给予一定补助。2008 年，财政部按一定标准对从事秸秆气化与成型燃料等农作物秸秆能源化利用的企业进行综合性补助。同年，国家发布了《国务院办公厅关于加快推进农作物秸秆综合利用的意见》，该文件至今仍是我国秸秆综合利用方面的纲领性文件，它明确提出从财政与税收政策上对秸秆综合利用提供大力扶持，之后我国财政与税收相关政策陆续出台[24]。

从补贴内容和补贴方式来看，在秸秆机械购置方面，2005 年以来，我国发布了一系列农业机械购置的补贴政策，具体的补贴比例在 30% 左右；2018 年以来，我国更是将众多符合绿色发展要求的秸秆综合利用机械与器具纳入经济补贴范围[25]。在示范项目和试点建设方面，2016 年国家发布《关于开展农作物秸秆综合利用试点促进耕地质量提升工作的通知》标志着试点工作的开始；2019年，我国在东北的双城区和庆安县两地开始秸秆综合利用生态补偿制度试点的创建，至 2021 年全国创设试点已增加到 10 个。此外，在秸秆发电上网方面也出台了多条补贴政策。比如，2010 年 7 月，国家发展改革委等部门规定对生物质发电项目统一按照 0.75 元/(kW·h) 的上网电价补贴标准进行补贴。

1.4.2　政策演进的特征

通过对我国历年秸秆综合利用重要政策性文件的梳理，可得出政策演进的一些特征。关于秸秆综合利用的中央 1 号文件为相关政策的出台与调整提供了基础和指导，绿色发展作为一条基本线索始终贯穿着这些政策，相关内容显示国家对秸秆资源利用的综合性要求在逐年提升[22]。此外，随着时间的推移，对秸秆禁烧与综合利用的法律制度在不断健全和完善，如今我国相关的法律已有《中华人民共和国农业法》《中华人民共和国环境保护法》《中华人民共和国固体废弃物污染环境防治法》和《中华人民共和国大气污染防治法》等多部。这体现了政策演变的法律强制性提升，管理规范性增强。从"有法可依"到"科学立法"是相关法律政策演变的一大特征。

　　相关政策的指导思想，从末端的"秸秆禁烧"治理逐渐转向更为科学的"综合利用"和"全域全量利用"。明显的举措是，近年来提出的"五化"综合利用方式，表明了秸秆综合利用正朝着多元化的方向不断发展。随着我国秸秆综合利用率被纳入绿色发展指标体系和秸秆利用生态补偿制度试点工作的推进，秸秆利用相关的补贴政策也逐渐由"黄箱政策"转向"绿箱政策"[26]。秸秆综合利用政策的演进逐步构建起以政府为主导、以企业为主体、农民积极参与的协调推进体系。相关政策的实施手段也从单一的行政命令变为法律约束、财政补贴和生态补偿等多举措同时发力。在一系列改进政策的引导下，市场主体和农民从被动地接受秸秆禁烧管理与资源化综合利用，逐步转变成积极主动地参与其中，有效地提升了国民对秸秆综合利用的积极性。与此同时，政策的可操作性在逐步增强，可持续性也在逐步深化。

参 考 文 献

[1] 张晋爱，史泽根．秸秆饲料化利用的研究进展．中国饲料，2023（14）：9-12.

[2] 钟磊，栗高源，陈冠益，等．我国农作物秸秆分布特征与秸秆炭基肥制备应用研究进展．农业资源与环境学报，2022，39（3）：575-585.

[3] 杨传文，邢帆，朱建春，等．中国秸秆资源的时空分布、利用现状与碳减排潜力．环境科学，2023，44（2）：1149-1162.

[4] 丛国政．秸秆综合利用技术及机械设备发展情况分析．农机使用与维修，2023（12）：64-66.

[5] 孙展英，高健，郭孟娇，等．生物发酵农作物秸秆及其在反刍动物饲料中的应用．饲料工业，2024，45（1）：10-16，33.

[6] 付敏，陈效庆，高泽飞，等．秸秆粉体利用技术及秸秆微粉碎研究现状与展望．中国农机化学报，2023，44（7）：91-100.

[7] 崔明，赵立欣，田宜水，等．中国主要农作物秸秆资源能源化利用分析评价．农业工程学报，2008，24（12）：291-296.

[8] 李建新．秸秆资源的收储运模式及生物质燃料化利用分析．农机使用与维修，2022（5）：24-26.

[9] 霍丽丽，赵立欣，姚宗路，等．秸秆能源化利用的供应模式研究．可再生能源，2016（7）：7.

[10] 霍丽丽，田宜水，赵立欣，等．生物质原料持续供应条件下理化特性研究．农业机械学报，2012，43（12）：107-113.

[11] 霍丽丽，吴娟娟，赵立欣，等．华北平原地区玉米秸秆连续供应模型的建立及应用．农业工程学报，2016，32（19）：203-210.

[12] 徐亚云，侯书林，赵立欣，等．国内外秸秆收储运现状分析．农机化研究，2014，36（9）：60-64，71.

[13] 佚名．《全国农作物秸秆综合利用情况报告》发布2021年我国农作物秸秆综合利用率达88.1%．中国农业综合开发，2022（10）：32.

[14] 王亚静，王红彦，高春雨，等．稻麦玉米秸秆残留还田量定量估算方法及应用．农业工程学报，2015，31（13）：244-250.

[15] 梁继旺，吴良章．水稻秸秆还田对土壤性状和水稻产量的影响．农业与技术，2019，39（5）：116-117.

[16] 马俊丽．秸秆综合利用促进农业发展方式转变的探讨．当代农机，2023（11）：41.

[17] 董红敏，朱志平，黄宏坤，等．畜禽养殖业产污系数和排污系数计算方法．农业工程学报，2011，27（1）：303-308.

[18] 周腰华，王亚静．我国秸秆综合利用政策创设研究．农业经济，2022（6）：91-93.

[19] 鲍家泽，王如平，马玉银，等．工程应用视域下农业生物质厌氧发酵资源化技术综述与建议．浙江农业科学，2022，63（6）：1309-1313.

[20] 王健，吴义强，李贤军，等．稻/麦秸秆资源化利用研究现状．林产工业，2021，58（1）：1-5.

[21] 丛宏斌，姚宗路，赵立欣，等．中国农作物秸秆资源分布及其产业体系与利用路径．农业工程学报，2019，35（22）：132-140.

[22] 周腰华，邓春晖．我国秸秆综合利用政策分析——基于中央一号文件视角．园艺与种苗，2022，42（5）：83-85.

[23] 毕于运，高春雨，王红彦，等．农作物秸秆综合利用和禁烧管理国家法规综述与立法建议．中国农业资源与区划，2019，40（8）：1-10.

[24] 周腰华，成丽娜，邓春晖．我国秸秆综合利用政策分析——基于行政规范性文件视角．辽宁农业科学，2022（4）：55-59.

[25] 孙善侠，沈玉琴．中国秸秆资源管理政策综述与建议．新疆农垦经济，2024（4）：41-57.

[26] 周腰华，王亚静．我国秸秆综合利用政策演变、特征与展望．辽宁农业科学，2023（1）：48-55.

第2章 秸秆组成及应用

几千年来，人类一直依赖生物质来满足早期的能源和物质需求，直到19世纪发现并规模化利用廉价的石化资源。由于石化资源的减少以及使用这些不可持续和分布不均的资源所引发的政治和环境问题等原因，全世界对生物质应用于能源、化学品和材料领域产生了浓厚的兴趣。木质纤维素类生物质是地球上最有前景的可再生碳质资源。全球每年再生的木质纤维素超过2 000亿t，若其中的10%得到有效利用，就能很好地解决人类社会面临的能源和环境问题[1]。秸秆作为一种重要的农业副产品，已经被广泛认为是一种能规模化替代石油、煤炭和天然气制取能源、化学品和先进材料的可再生资源。秸秆是指农作物（包括粮食作物和经济作物）成熟收获其籽实后所剩余的地上部分的茎叶、藤蔓或穗秆等的总称，通常指水稻、小麦、玉米、薯类、高粱、甘蔗等农作物在收获后剩余的部分，如残剩的茎叶等。按照对作物分类的方法，可以相应地把秸秆分为大田作物秸秆和园艺作物秸秆，其中大田作物秸秆包括禾谷类作物秸秆、豆类作物秸秆和薯类作物秸秆等粮食作物秸秆，以及纤维作物秸秆、油料作物秸秆、糖类作物秸秆和嗜好类作物秸秆等经济作物秸秆。秸秆组成成分复杂，为多种复杂高分子有机化合物和少量矿物元素组成的复合体，主要包括纤维素、半纤维素、木质素、糖蛋白、可溶性糖和灰分等。这些化学组成是评价农作物秸秆燃料特性和其他利用价值的重要指标。不同来源的农作物秸秆组成有所差异，几种常见秸秆的主要化学成分见表2-1。

表2-1 不同作物秸秆的主要化学成分[2]

秸秆种类	干物质/%	灰分/%	粗蛋白/%	木质纤维成分（DM）/%			
				粗纤维	纤维素	半纤维素	木质素
玉米秸秆	96.1	7.0	9.3	29.3	32.9	32.5	4.6
稻草	95.0	19.4	3.2	35.1	39.6	34.3	6.3

（续）

秸秆种类	干物质/%	灰分/%	粗蛋白/%	木质纤维成分（DM）/%			
				粗纤维	纤维素	半纤维素	木质素
小麦秸秆	91.0	6.4	2.6	43.6	43.2	22.4	9.5
大麦秸秆	89.4	6.4	2.9	41.6	40.7	23.8	8.0
燕麦秸秆	89.2	4.4	4.1	41.0	44.0	25.2	11.2
高粱秸秆	93.5	6.0	3.4	41.8	42.2	31.6	7.6

农作物秸秆的灰分组成包括二氧化硅（SiO_2）、氧化铝（Al_2O_3）、五氧化二磷（P_2O_5）、氧化钾（K_2O）、氧化钠（Na_2O）、氧化镁（MgO）、氧化钙（CaO）、氧化铁（Fe_2O_3）、氧化锌（ZnO）和氧化铜（CuO）等。灰分在植物纤维中易形成非极性表面，影响胶黏剂的吸附和氢键的形成，作为秸秆中不可燃烧的无机矿质元素，灰分含量越高，可燃成分则相对减少。除此之外，秸秆中还含有一部分果胶、粗脂肪等，这些物质为厌氧菌的分解提供有机质成分，并且秸秆中的微量金属可以作为一种微营养素，对于农业沼气池中秸秆厌氧发酵的稳定运行也起着重要作用。

作物秸秆中含有多种可被利用的成分，除绝大部分是碳之外，还含有钾、硅、氮、钙等元素（表2-2）。

表 2-2　各种作物秸秆中的元素成分[2]

秸秆种类	N/%	P/%	K/%	Ca/%	Mg/%	Mn/%	Si/%
稻草	0.60	0.09	1.00	0.14	0.12	0.02	7.99
麦秸	0.50	0.03	0.73	0.14	0.02	0.003	3.95
大豆秆	1.93	0.03	1.55	0.84	0.07	0.003	3.95
油菜秆	0.52	0.03	0.65	0.42	0.05	0.004	0.18

秸秆是由大量有机物和少量无机物及水组成的，其有机物的主要成分是纤维素类的碳水化合物。碳水化合物又由纤维素类物质和可溶性糖类组成。纤维素类物质是植物细胞壁的主要成分，它包括 30%～55%（wt）的纤维素、15%～25%（wt）的半纤维素和 15%～30%（wt）的木质素等，以及少量的果胶、单宁和蛋白质。

目前，有相当比例的秸秆被焚烧或随意丢弃，不仅造成了巨大的资源浪费，也带来了严重的环境污染。为了实现对秸秆的高效增值转化利用，有必要了解秸秆的组分、性质及其在各个领域的应用现状。本章节将详细介绍秸秆中纤维素、半纤维素以及木质素三种重要组分的结构、物理化学性质以及在农业领域、材料领域以及环保等领域的应用。通过本章内容，我们希望读者能够深入了解秸秆的成分构成、应用领域和应用前景，为更有效地管理和利用这一可再生资源提供技术参考。本章将结合科学研究和实际应用案例，为读者提供全面、深入的视角，探索秸秆各组成成分及应用。

2.1 纤维素结构、性质与应用

纤维素作为植物细胞壁的主要组成成分之一，是一类具有多级结构的生物高分子，其化学本质是葡萄糖的线性高聚物，在自然界中扮演着至关重要的角色。其独特的结构性质赋予了纤维素卓越的生物学和物理学特性，同时也为其在各领域中的应用提供了基础。本章将深入探讨纤维素的结构特征，从分子层面到微观结构，揭示其在植物生长和生物体中的功能。同时，随着社会各领域对可再生资源和绿色生产的日益关注，本章将着重介绍纤维素在材料科学、能源领域、生物医学以及食品工业等多个领域的应用。通过全面了解纤维素的性质和潜在应用，以期在可持续发展的道路上寻找更多的创新性解决方案，推动纤维素资源高效、高值化利用。

2.1.1 纤维素结构

纤维素在秸秆组分中占比最大，在成熟的绝干秸秆中，纤维素的含量可以达到 $30\%\sim50\%$（wt）[3]。需要注意的是，纤维素的含量和组分在不同植物和植物部位（如茎、叶、花）之间可能存在差异。此外，秸秆的成熟度和处理方式（如麸秸和切割程度）也会对纤维素的组成和含量产生影响。纤维素是一种由几百到一万多个 D-葡萄糖分子通过 β-(1-4) 糖苷键连接而成的线性高聚物。这种聚合物形成了一种具有纤维状结构的长链[4]，其简单分子式为（$C_6H_{10}O_5$）$_n$，其中 n 为聚合度。纤维素的 Haworth 结构和构象结构式如图 2-1 所示。纤维素的 Haworth 结构指的是将纤维素分子中的葡萄糖单元表示为环状结构的一种表示方法。Haworth 结构可以帮助我们理解纤维素分子的立体构型和碳原子之间的连接方式。

纤维素具有复杂的多级结构，纤维素中葡萄糖长链通过氢键和范德华力相互作用形成纤维素的上层结构。在纤维素的第一级结构中，葡萄糖单元通过糖苷键形成线性链。这些链在纤维素分子中相互平行排列，并且具有类似螺旋的结构。纤维素的第二级结构是由多个线性链之间的氢键相互作用形成的微晶区域。这些氢键使得纤维素链聚集在一起，形成类似纤维状的结构。在纤维素的第三级结构中，多个纤维素微晶区域相互交织，并通过范德华力相互作用相互连接。这种交织和连接使得纤维素形成纤维束或纤维网状结构。纤维素的多级结构赋予了其强大的机械性能和稳定性。它具有高度的纤维状排列和有序性，使得纤维素能够抵抗外部压力和张力。这也是纤维素在植物细胞壁中承担结构支持和生物保护的重要原因。

纤维素的基本单元是葡萄糖，一般认为其最小重复单元是纤维二糖。也有学者[5]认为纤维素的重复单元是葡萄糖而非此前被普遍认可的纤维二糖。在纤维素分子链中，如果将葡萄糖交替旋转 $180°$，则对纤维素分子构象没有影响；如果将纤维二糖作为其重复单元，则将会限制纤维素构象中可能出现的结构。纤维素葡萄糖单元上有 3 个自由羟基，它们分别位于葡萄糖环的 C_2、C_3 和 C_6 碳原子上。这 3 个自由羟基可以与其他分子进行化学反应，如产生酯化、醚化、酰化等反应。这些自由羟基在纤维素的化学性质和反应性中发挥着重要的作用，可以参与纤维素的改性、降解、功能化等化学反应。除此之外，吡喃糖环平面上邻近的仲羟基使得纤维素表现出二醇结构。

作为最丰富的生物聚合物，纤维素可以从 3 种不同类型的生物体中提取，即植物[6]、微生物[7]和藻类[8]。作为纤维素的主要来源[9]，植物细胞壁可以抑制膨胀压力，保护植物免受真菌、病毒和细菌等各种病原体的侵害，并作为细胞之间的屏障界面为植物提供机械支持[10]。细胞壁的组成及其各种成分的比例因植物种类、细胞类型和发育阶段不同而各不相同[10]。尽管种类繁多，但大多数植物细胞都能够合成纤维素微原纤维的框架，形成细胞壁的骨架。纤维素骨架作为细胞壁的基本组成部分，其形成机制受到了研究人员的广泛关注。在纤维素的合成过程中，在三聚体纤维素合酶复合物（CesA complexes，CSCs）（图 2 - 2a）的参与下，最初产生由 3 个葡聚糖链组成的纤维素原纤维，这些原纤维随后被组装成由 18 个纤维素链组成的微原纤维，排列方式为 2 - 3 - 4 - 4 - 3 - 2（图 2 - 2b），也被称为玫瑰花结构[10]。CSCs 随后将它们分泌到细胞外，最终形成一个包含微原纤维、基质多糖和细胞壁蛋白的网络结构。在纤维素合成过程中，纤维素微原纤维与基质多糖的相互作用程度，以及纤维素合成的速率，都会影响纤维素的结晶度[11]。因此，科学家们提出，通过控制细胞内、细胞外和质膜环境，影响 CSCs 的运动速率，从而控制合成纤维素的结晶度[12]。

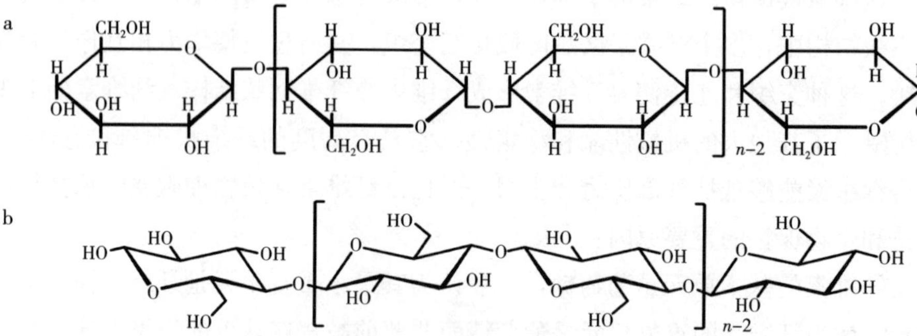

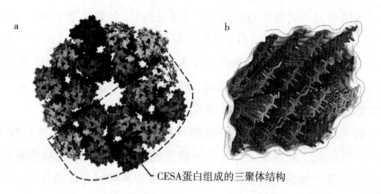

a. 纤维素的 Haworth 结构；b. 纤维素构象。

图 2-1　纤维素的结构

a. CSCs 结构；b. 2-3-4-4-3-2 模型。

图 2-2　纤维素合酶复合物（CSCs）和纤维素微原纤维

　　结晶度也称为结晶度指数（CrI），是广泛用于评价纤维素材料结构特性的关键参数。CrI 可以反映出纤维素的机械和结构特性以及化学和酶反应性。在纤维素合成过程中，微原纤维的不同排列会导致形成不同程度的结晶区和非结晶区（无定形区）。在结晶区内，微原纤维的排列更加有序紧凑，在 X 射线衍射实验中可以观察到代表衍射晶格的规则光斑图样；无定形区内的纤维素分子排列相对无序，其衍射图样呈弥散光晕而非光斑（图 2-3）。需要注意的是，纤维素的结晶区和无定形区之间并没有明确的界限，无定形区不仅可以存在于纤维素链间，也分布在结晶纤维素晶体的表面，与结晶区相比，无定形区暴露了更多的活性位点，使得其更容易发生化学反应，通常无定形区在纤维素中所占的比例也很大程度上决定了酶解反应的速率。结晶区在纤维素中所占的比例被定义为纤维素的结晶度（CrI）。有几种方法可以用来测定 CrI，包括 X 射线衍射（XRD）、傅里叶变换红外光谱（FTIR）、CP/MAS - 13C - NMR 和拉曼光谱等。在这些方法中，XRD 因其简单易用的特点而受到普遍青睐。纤维素晶体表现出一系列的晶体形态，形成的衍射图案也各不相同（图 2 - 3）。各个晶型的具体晶胞参数见表 2 - 3[13]。根据分子链极性差异，纤维素多晶可分为平行链晶型（纤维素 Ⅰα、Ⅰβ、ⅢⅠ 和 ⅣⅠ）和反平行链晶型（纤维素 Ⅱ、ⅣⅡ）。平行链晶型纤维素可通过某些物理化学反应不可逆地转变为反平行链型。科学家们广泛研究了这些晶体形式之间的相互转化关系（图 2 - 4）。

表 2 - 3 不同晶型结构纤维素晶胞参数[13]

晶型	空间群	a/Å	b/Å	c/Å	$α$/°	$β$/°	$γ$/°
纤维素 Ⅰα	P1	6.717	5.962	10.400	118.08	114.80	80.37
纤维素 Ⅰβ	P2₁	7.784	8.201	10.38	90	90	96.55
纤维素 Ⅱ	P2₁	8.10	9.03	10.31	90	90	117.10
纤维素 ⅢⅠ	P2₁	4.45	7.85	10.33	90	90	105.1
纤维素 ⅢⅡ	P2₁	4.45	7.64	10.33	90	90	106.96
纤维素 ⅣⅠ	P1	8.03	8.13	10.34	90	90	90
纤维素 ⅣⅡ	P1	7.99	8.10	10.34	90	90	90
水合纤维素 Ⅰ	P2₁	9.02	9.63	10.34	90	90	116.4

纤维素 Ⅰ 也被称为天然纤维素晶形结构。目前已通过对纤维素电子衍射图样的观察，发现不同来源的纤维素 Ⅰ 的结构存在差异，比如在细菌与藻类纤维素中，其主要堆砌排列出三斜晶体，而在高等植物中，纤维素大多为单斜晶体结构。因此，为了区分两种不同结构，前者被定义为纤维素 Ⅰα，后者则被定义为纤维素 Ⅰβ。

纤维素 Ⅱ 可以通过纤维素 Ⅰ 在浓碱溶液中发生丝光反应或者溶解再生过程得到，因此其也被称作碱纤维素、水合纤维素等。所谓丝光反应，是指纤维素经过浓碱处理后会变得更有光泽，更容易被染色而且不易收缩。纤维素 Ⅱ 被认为是纤维素各个晶型中最稳定的晶体形态，相比于纤维素 Ⅰ，纤维素 Ⅱ 的酶解

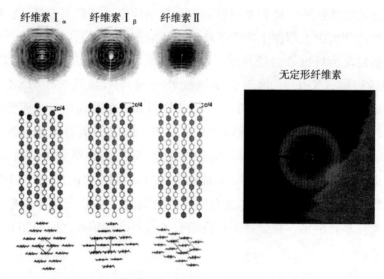

图 2-3 纤维素 I_α（灰胞藻属）、纤维素 I_β（海鞘）、纤维素 II（麻类）和
无定形纤维素（棉纤维）的 X 射线纤维衍射图样[13]

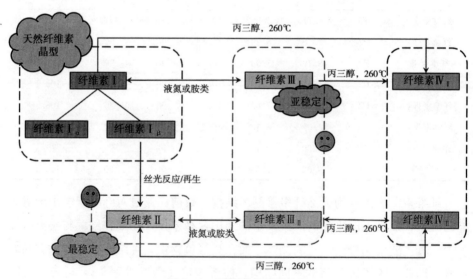

图 2-4 纤维素各晶型转化

反应速率很慢。纤维素 II 的分子结构也展示出其具有更多堆砌的氢键，这也说明了纤维素 I 向纤维素 II 的转变是一个不可逆的过程。

纤维素 I 或纤维素 II 通过液氮或者有机胺处理以后可以分别得到纤维素 III_I 和纤维素 III_II。这两种晶型的衍射图案十分相似，但是分子链的平行或反平行排列方式与初始纤维素相同。制备纤维素Ⅲ的反应是可逆反应，在热处理、高湿度环境中，其可再被还原为纤维素Ⅰ或Ⅱ。

纤维素Ⅳ$_I$和纤维素Ⅳ$_{II}$可以分别由纤维素Ⅰ和纤维素Ⅱ在甘油中加热得到。在 X 射线和中子衍射实验中，两种Ⅳ型纤维素具有相似的晶胞参数，而且衍射强度都不高。两种纤维素Ⅳ和纤维素Ⅰ一样都属于 P1 空间群，晶胞参数中 a 与 b 近似相等，而且 $\alpha=\beta=\gamma=90°$（表 2 - 3）。

2.1.2　纤维素的性质及常见溶剂

2.1.2.1　纤维素的性质

纤维素特殊的物理化学结构赋予它众多特异性质，这些性质为科学家研究和利用纤维素提供了多种可能性。纤维素的性质可以分为物理性质和化学性质。

纤维素粉末通常呈白色，无味，常温下比较稳定。不同来源的纤维素由于分子质量和晶型的差异，熔点有所不同，一般来说纤维素的熔点在 200℃ 左右。当加热纤维素到达熔点时，纤维素由固态变为液态，在此过程中，纤维素分子链会发生复杂的缠绕和摩擦现象，这种现象会导致纤维素熔点改变，因此特定的纤维素的实际熔点并不是一个比较稳定的数值。纤维素分子结构中丰富的氢键和强烈的分子间作用力限制了纤维素分子链内部的旋转，比如糖苷键的旋转限制了分子链之间的运动，赋予其一定的刚性。这也使得纤维素的热稳定性很高，在高温下不易分解。在纤维素高分子链上，每个葡萄糖单元的三个羟基都分别与邻近分子中的羟基形成氢键，羟基束缚于氢键，导致其无法与水分子形成氢键，因此无法溶于水。但是一些化学溶剂，比如铜氨 $Cu(NH_3)_4(OH)_2$ 溶液、铜乙二胺 $[NH_2CH_2CH_2NH_2]Cu(OH)$ 溶液、低温碱-尿素溶液、离子液体、低共熔溶剂等可以破坏掉这些氢键，从而提高纤维素的溶解度。尽管纤维素无法溶于水，但是分子链末端的游离羟基使得其具有一定的吸湿性。另外，微原纤维之间排列不规则的无定形区也使得水分子更容易进入。纤维素是一种具有两亲性的分子，既具有亲水性又具有亲油性。这意味着纤维素既可以与水分子相互作用，也可以与油脂等非极性溶剂相互作用。纤维素的两亲性特性是由其分子结构和性质所决定的。一方面，纤维素单体葡萄糖分子具有亲水性的羟基官能团，这使得纤维素具有一定的亲水性；另一方面，纤维素糖环碳骨架和致密的结晶区具有一定的疏水性。纤维素的两亲性特性使其在许多应用中具有广泛的用途。例如，在食品工业中，纤维素的两亲性使其可用作乳化剂和稳定剂。此外，纤维素的两亲性还对药物传递、生物材料等领域的应用起着重要作用。

纤维素具有较稳定的化学性质，利用葡萄糖基环上的 3 个自由醇羟基的反应特性，纤维素可以发生酯化、醚化和接枝共聚等多种反应，进一步可制得多种纤维素衍生物产品，包括多种纤维素醚和纤维素酯等产品。例如，纤维素分子链上的羟基可以与酸、酸酐或酰卤反应生成酯或酰胺，这种反应也被称为 Schotten-Baumann 反应；也可以和烷基化试剂反应生成醚类，比如醋酸纤维的生成。此外，作为高分子链，纤维素也可以与另外一种高分子链发生接枝共聚合反应，其中一种作为高分子骨架，即主链，另一种作为分支，即支链。接枝共聚物的合成方法主要有两种，一种方法是将预先聚合的高分子活化，使主链上产生活性中心，然后由活性中心引发单体聚合生成接枝共聚物；另外一种方法是先通过单体聚合，在它还带有反应活性时与预先聚合的某一高分子的官能团发生反应生成接枝共聚物。

2.1.2.2 纤维素的常见溶剂

基于纤维素具有相对稳定的物化性质，如何利用纤维素，并将其转化为高效高附加值产品成为许多研究者正在研究的课题。纤维素的溶解在其加工和转化过程中起着至关重要的作用。因此，开发环境友好、高效的纤维素溶剂已成为绿色化学及相关学科领域的一个重要研究课题。由于其大分子结构中存在致密的氢键网络，纤维素本身就难以在普通溶剂中溶解，这对实现纤维素的高价值利用提出了重大挑战。为了解决这个问题，科学家们开发了一系列新型溶剂，如图 2-5 所示。在本章节中，我们将按照衍生溶剂和非衍生溶剂的分类方法对此进行详细介绍。衍生溶剂体系的特点是能够通过共价键溶解纤维素，从而形成纤维素衍生物。根据纤维素衍生物的结构特点，衍生溶剂体系可进一

图 2-5　纤维素溶剂发展历史

步分为生成纤维素醚溶剂体系（多聚甲醛/二甲基亚砜）和生成纤维素酯溶剂体系（路易斯酸、黄原酸盐、氨基甲酸酯）。

1845 年，瑞士化学家 Schonbein[14] 偶然发现了溶解纤维素的方法，该方法被称为 Schonbein 纤维素溶解方法，它涉及将纤维素与浓硝酸一同加热，以产生可溶的化合物。在溶解过程中，纤维素充当多元醇，为硝酸提供电子以形成硝化纤维素。随后的研究发现，硫酸、盐酸等其他酸也可以通过该机制溶解纤维素。然而，这种方法需要严格的条件，包括特定的酸浓度要求，以及需要高温和高压条件。此外，这些酸只能有效地溶解聚合度较低的纤维素，并且会造成一定程度的污染和纤维素降解，因此，这种溶剂体系逐渐退出了历史舞台。除上述酸外，另一种常用的纤维素溶解体系是黄原酸盐。1891 年，英国化学家 Cross 和 Bevan[15] 发现，在强碱条件下，用 CS_2 处理棉花或木材纤维可生成纤维素黄原胶酯，衍生物在稀碱条件下可溶解为黄色液体。纤维素黄原胶酯具有许多有趣的性质和应用。它在水溶液中呈现出黏性和胶状特性，这使得它在许多工业和生物医学领域有广泛的应用。它可用作稳定剂、增稠剂、乳化剂和胶凝剂，在食品工业、制药工业和日用品等领域有重要的用途。1904 年，德国化学家 Muller[16] 发现用硫酸铵和稀硫酸处理纤维素黄原胶酯可以得到纤维素黏胶长丝，从而实现了黏胶纤维的工业化生产。因此，这种溶解法被称为黏胶法。纤维素在该体系中的溶解和转化机理复杂，主要包括以下步骤：①纤维素与碱反应生成碱纤维素（AC）；②在 CS_2 的参与下，AC 形成纤维素黄原酸盐（CX）；③在稀碱溶液中 CX 溶解成为黏胶，当黏胶被挤压时，中间化合物被转化为纤维素黏胶长丝。该方法制备的黏胶纤维具有良好的物理力学性能。但在生产过程中，会产生大量的 CS_2、H_2S 等有毒气体，以及大量的酸、碱废液和废渣。随着人们对环境保护意识的日益提高，这种方法已变得不受欢迎，特别是在发达国家。另一种类似于生产黏胶的方法是氨基甲酸酯体系，这是由德国科学家 H. P. Fink 开发的[17]。在这种方法中，纤维素与尿素在高温下反应形成氨基甲酸酯纤维素。得到的氨基甲酸酯可以溶解在 NaOH 溶液中，然后纺成纤维或用于生产薄膜。以 H_2SO_4 和 Na_2SO_4 为抗溶剂可得到再生纤维素。与黏胶法相比，氨基甲酸酯体系具有几个环境优势：首先这种方法不产生 H_2S、CS_2 等有害气体，其次也不产生含硫化物、锌离子的废水。这使得氨基甲酸酯系统成为黄原酸盐体系更环保的替代品。

衍生化溶剂中的另一种溶剂体系是多聚甲醛/二甲基亚砜（PF/DMSO）

体系，它通过形成纤维素醚从而促进纤维素溶解。1976年，Nicholson等[18]首次报道了这种溶剂体系。溶解机理可以解释为：纤维素与甲醛反应生成羟甲基纤维素，羟甲基纤维素随后溶解在DMSO中。DMSO在这个过程中起两个作用：首先，它确保纤维均匀湿润，从而与甲醛均匀反应。其次，它有助于通过氢键相互作用稳定分散溶液中的羟甲基纤维素，防止纤维素分子之间聚合。PF/DMSO溶剂体系具有腐蚀性低、溶解能力强等优点。然而，在该系统中使用甲醛会对人体的健康造成危害，并且溶解过程需要保持120～125℃的相对高温3h。因此，这种方法逐渐变得不那么普遍了。但需要指出的是，DMSO作为一种极性非离子转移溶剂，近年来在多种溶剂体系中被用作助溶剂，如离子液体[19]、铵盐[20]和有机碱体系[21]。

非衍生溶剂是一类仅通过物理分子相互作用有效溶解纤维素的溶剂。近年来，许多绿色非衍生溶剂被开发出来，包括离子液体、低共熔溶剂和碱/尿素体系，它们都可归类为非衍生溶剂。图2-6给出了常用的非衍生溶剂（金属络合溶液、氯化锂/DMAC体系、碱/尿素和碱/硫脲体系、N-甲基吗啉-N-氧化物和低共熔溶剂体系）及其溶解机理。

1857年，Schweizer等[16]发现纤维素可以溶解在氢氧化铜和氨的溶液中。氢氧化铜和氨在水溶液中可生成铜氨配合物$Cu(NH_3)_4(OH)_2$。在纤维素溶解过程中，铜氨配合物中铜的配位点与纤维素葡萄糖单元的C_2和C_3羟基强烈相互作用，形成多羟基配合物。这种相互作用破坏了纤维素分子结构中的氢键网络，导致其溶解。铜氨溶液溶解度强，便于制备人造纤维、中空纤维等再生纤维素制品。此外，它还是主要用作测定纤维素聚合度的溶剂。其他类似的用于纤维素溶解的金属络合溶液也有报道，包括镉乙二胺溶液[22]和铜乙二胺溶液[23]。然而，这些溶剂的缺点主要是成本高、消耗大、可回收性差等，这限制了它们的应用。

1939年，Graenacher等[24]发现氧化三甲胺等叔胺可以溶解纤维素。随后，Johnson[25]发现N-甲基吗啉-N-氧化物（NMMO）也表现出相当大的溶解纤维素的潜力。在该溶剂体系中，NMMO的强N—O配位键允许该基团的氧原子与纤维素的羟基形成氢键（图2-6）。此外，由于水分子与纤维素之间形成的氢键也参与了纤维素与NMMO之间的电子受体-给体相互作用，所以溶剂中水量的多少会影响纤维素的溶解。通常情况下，纤维素可以直接溶解在含有约13%水的NMMO一水合物中，温度范围为80～120℃，浓度可达

23%。由 NMMO 溶剂溶解进而再生得到的纤维被称为莱赛尔纤维。与黏胶工艺相比，在生产过程中不会释放剧毒的 CS_2，这使得莱赛尔工艺被认为是纺织纤维行业的环保工艺。然而，NMMO 在纤维素溶解和溶剂回收过程中容易发生热降解，不仅会导致溶剂损失，还会导致纤维素降解，对产品性能产生负面影响。

1979 年，McCormick[26]发现 LiCl/DMAc（N,N-二甲基乙酰胺）体系可以有效溶解纤维素。在溶解过程之前，纤维素需要通过含有水、甲醇和 DMAc 的溶剂置换过程进行活化，这种活化过程有利于溶剂分子渗透到纤维素的高分子结构中。预活化后，高分子量纤维素可以溶解在这种溶剂中而不会发生明显的链降解。溶解机理为：首先，纤维素的羟基质子与氯离子形成强氢键，导致纤维素氢键网络破裂。随后，锂离子被游离的 DMAc 分子进一步溶剂化，并伴随着氢键中的氯离子达到电平衡。因此，纤维素分子链分散在溶剂体系中，形成均匀的溶液（图 2-6）。LiCl/DMAc 溶解体系可以溶解分子质量大于 $10^6 g/mol$ 的纤维素而不发生化学降解，优于大多数金属络合溶液体系。因此，LiCl/DMAc 体系已广泛应用于纤维素的分析加工和化学改性等领域。然而，由于其较高的成本和回收困难等缺点，LiCl/DMAc 溶剂系统的商业规模化利用受到了限制。

1934 年，Graenacher[27]发现熔融的 N-乙基吡啶氯可以溶解纤维素，但在当时并没有得到广泛的认可，直到 Rogers 等[28]在 2002 年发现二烷基咪唑的卤素离子液体可以溶解纤维素。有研究人员进一步研究了纤维素在 1-乙基-3-甲基咪唑醋酸盐（［Emim］Ac）中的溶解机理，结果表明，［Emim］Ac/羟基的化学计量比估计为（3:4）～（1:1），这表明应该有一个阴离子或阳离子与一个或两个羟基形成氢键。目前普遍认为，离子液体的阳离子和阴离子都参与了纤维素的溶解，在加热条件下，离子液体的阴离子和阳离子解离。然后，纤维素分子链的阴离子与纤维素分子链的氢原子形成氢键，而纤维素分子链的阳离子与纤维素分子的氧原子形成氢键。这种相互作用削弱了纤维素分子间和分子内的氢键，促进了纤维素的溶解（图 2-6）。纤维素在离子液体中的溶解度取决于离子液体的种类、温度、添加剂等因素。虽然离子液体对纤维素的溶解是有效的，但它具有吸水性强、黏度高、成本高的缺点。因此，研究人员通过添加金属盐、固体酸和氢键受体等共溶剂对该体系进行了改进，以提高离子液体的应用性能。

　　与主要由离散的阴离子和阳离子组成的离子液体不同，低共熔溶剂（Deep eutectic solvent，DESs）是由路易斯酸或布朗斯特酸和碱的共晶混合物形成的体系，其中可以包含多种阴离子和/或阳离子[29]。一般来说，低共熔溶剂是各种氢键受体（Hydrogen bond acceptors，HBAs）和氢键供体（Hydrogen bond donors，HBDs）的组合。与离子液体相比，低共熔溶剂的研究起步较晚，关于这个主题的第一篇文章直到 2001 年才发表[30]。根据 Abbott 的定义，低共熔溶剂的特点是由两种或两种以上化合物组成的低熔点混合物，其中一种是盐。该溶剂体系被认为是近年来研究最广泛的生物质加工和转化体系之一。季铵盐，特别是氯化胆碱，通常与其他金属盐或氢键供体（HBDs）结合形成低共熔溶剂。纤维素在低共熔溶剂中的溶解机理与纤维素在离子液体中的溶解机理非常相似。HBDs 与纤维素分子上的氧形成氢键，HBAs 与纤维素分子上的羟基形成氢键。

　　虽然在许多文献中，研究者将低共熔溶剂归类为离子液体的一种。但是，它们之间存在一些差异，主要是在起始材料的性质和制备方法上。近年来，许多科学家比较了这两种溶剂之间的差异。与离子液体相比，低共熔溶剂具有更高的成本效益和更简单的制备方法。此外，从环境的角度来看，低共熔溶剂具有良好的生物降解性，毒性更低，并且成分的天然来源使它们比离子液体具有显著优势[31]。目前，低共熔溶剂主要用作化学合成的反应介质和金属加工操作中溶解金属盐的介质。进一步探索和讨论低共熔溶剂在木质纤维素生物质催化转化中的应用，以及它们在材料科学和合成化学中的作用，是一个有前景的研究方向。

　　除了上述纤维素溶解体系外，2003 年武汉大学张俐娜院士团队开发的碱/尿素和碱/硫脲体系在低温条件（$-12℃$）下也能快速溶解纤维素[32]。为了在 2min 内实现聚合度低于 700 的纤维素的快速溶解，需要将 NaOH/尿素水溶液（7%/12%，wt）预冷至 $-12℃$。聚合度为 2 100 的纤维素可被 LiOH/硫脲（4.6%/15%，wt）水溶液溶解。溶解机制可以解释为，纤维素被包裹在由水合尿素形成的通道内，这减少了纤维素链之间的聚集，加速了其溶解。低温有助于维持水合尿素通道的分散，稳定新形成的氢键网络，从而促进纤维素溶解（图 2-6）。也有研究表明，尿素在溶解过程中与纤维素没有直接的相互作用，但它可以通过稳定碱膨胀的纤维素分子，帮助碱水合物渗透到纤维素的结晶区域，从而增加纤维素的溶解分数。这种溶剂体系已经显示出很好的潜力，但其潜力仍值得深度挖掘和开发。目前已有多项研究报道，该溶剂还能溶解甲壳素、淀粉和壳聚糖等生物聚合物。需要注意的是，碱/尿素和碱/硫脲体系只能实现对草浆、甘蔗渣浆等聚合度较低的纤维素的溶解。纤维素在预冷溶剂中的分散不均匀、易凝胶化和溶解条件较为苛刻等挑战在一定程度上阻碍了该溶剂系统的工业化应用进程[33]。

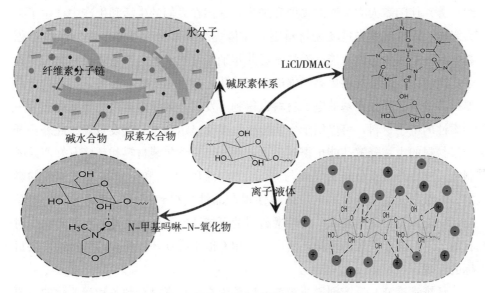

水分子

纤维素分子链

LiCl/DMAC

碱尿素体系

碱水合物　　尿素水合物

离子液体

N-甲基吗啉-N-氧化物

图 2-6　纤维素的主要溶解体系及机理

2.1.3　纤维素材料应用

纤维素作为一种可大量获取的可再生有机碳资源，可以用来制备燃料、化学品和功能材料。纤维素在制备燃料和化学品方面拥有巨大潜力，包括可以用来制备乙醇、乙二醇、山梨醇等醇类，乙酸、乳酸、乙酰丙酸等有机酸类，5-羟甲基糠醛、呋喃二甲酸、2，5-二甲基呋喃等呋喃类物质。目前，纤维素转化制燃料和化学品技术仍处于高速发展阶段，除了燃料乙醇外，鲜有工业规模应用的产品。纤维素转化制燃料和化学品主要有两种方法：一种方法是生物法转化，通过酶、细菌、真菌或复合菌系将纤维素转化为糖类或有机物；另一种方法是利用化学催化法，在适当的条件下利用化学催化剂将纤维素转化为目标产品。虽然纤维素转化技术取得了显著进展，但仍面临众多挑战，如高成本、催化剂稳定性差、产物选择性低以及工业规模应用难等。但随着科学研究的不断进展和工艺的优化，纤维素转化有望在未来成为可持续燃料和化学品生产的重要策略之一。鉴于纤维素制燃料和化学品工业应用较少，本章未详细展开这些方面的内容。

相较于燃料和化学品，纤维素材料已在各个领域取得了广泛应用。纤维素材料可以分为传统材料和先进功能材料。纤维素传统材料（包括纸、棉麻等纺织品等）伴随着人类文明的发展和进步，它们在人们的生活和生产中产生了重大影响。而纤维素先进功能材料则是在传统纤维素材料基础上进行改进和创新，具备更多的功能性能。例如，近几年纳米纤维素材料在增强材料领域得到了广泛应用，能够提供更高的强度和轻量化，被应用于航空航天、汽车和体育器材等领域。纤维素基的电子材料也得到了发展，如纤维素改性薄膜可作为一种柔性的电子材料，可以用于生物传感、柔性显示和可穿戴设备等。此外，纤维素材料的生物降解性能也得到强化，用于可持续包装材料和环境友好产品的制造。这些纤维素材料的发展与应用，为人们的生活和生产带来了积极的影响。纤维素先进功能材料的应用也使得产品性能得到提升，满足了人们对品质、功能和特异化的需求。纤维素材料的可持续性和环保特性，有助于减少对石油等不可再生资源的依赖，其广泛应用有助于推动环境保护与可持续发展目标的实现。

纤维素溶液与反溶剂或非溶剂混凝再生是纤维素材料制备和产业化的重要途径。通过改性和再生，从纤维素溶液制成的材料一般具有优异的物理和化学特性、可再生性和可持续性。再生过程提供了一种简单的纤维素材料制备途径，可以将天然纤维素转化为各种形式的有用材料，例如纤维、薄膜/膜、颗粒/微球、水凝胶/气凝胶、生物塑料等。此外，在纤维素再生过程中，使用化学或物理处理可进一步调控纤维素材料的结构特性，制备出形貌各异、功能广泛的功能材料，包括无机/纤维素杂化物、有机/纤维素混合物、多孔膜、生物相容性材料。因此，再生技术及其得到的再生纤维素材料促进了纤维素的高值化应用。

纤维素溶剂体系的发展同时推动了纤维素在食品、医疗、纺织和工业等各个领域的应用。作为最丰富的天然聚合物，纤维素由于具有可生物降解性、生物相容性以及无毒性和低成本等特性，相比于传统的化石资源通常具有更高的经济效益且具有碳中性。在此章节中，我们将对纤维素在药物和生物医学领域、食品生产领域以及工业领域中的应用进行简要介绍。

纤维素可以作为药物载体，用于保健品中。比如有研究人员将槲皮素（一种具有抗氧化生物活性的天然类黄酮）固定在纤维素纳米纤维表面，以证明其可作为营养物质的载体材料[34]。除此之外，有研究表明纤维素可以用作脂肪替代品，与大豆蛋白复合形成代餐食品。以纤维素纳米纤维为食用成分的冰激凌除了可以减少人们对热量的摄取并增加饱腹感，还表现出良好的热稳定性，相比于普通的冰激凌，纤维素基冰激凌在 30℃下放置 1h 仍然可以保持稳定的形态和结构[35]。纤维素用作食物时，可以帮助人们控制体重实现减脂的效果。纤维素的降脂作用主要体现在两个方面[36]，首先纤维素的亲脂性使得摄入的甘油三酯聚集在其表面，从而减少了甘油三酯与脂肪酶的接触，减少了脂肪的分解与吸收；其次纤维素可以作为胆盐（促进脂肪吸收的物质）的物理屏障，减少胆盐与甘油三酯的接触。一些纤维素衍生物已经被广泛地用于药物添加剂，最常见的是甲基纤维素和羧甲基纤维素。已经有研究人员利用甲基纤维素的两亲性和热响应性实现了甲基纤维素与疏水性药物成分的复合[37]，制备了一种新型热凝胶纳米乳液，为具有控释性能的药物产品的开发提供了广阔前景。

在伤口敷料领域，纤维素的应用也十分广泛。纤维素基材料作为伤口敷料具有很大的优势，由于其良好的皮肤亲和力、高比表面积和良好的液体保留性，通过负载特定的药物，纤维素水凝胶可以实现吸收组织液并释放药物的功能。除了皮肤伤口愈合外，纤维素基材料还非常适合内脏伤口愈合和术后抗粘连[38]。在药物控释领域，纤维素的应用也受到了学者的广泛关注。一般来说，受控药物释放体系有三种类型，分别是时间控制系统（缓释药物）、空间控制系统（靶向药物）以及反馈控制系统（智能药物）。纤维素作为缓释药物的封装剂已经被证明有良好的特性，比如吲哚美辛和纤维素的自组装复合物具有超过 30d 的长程缓释期[38]。通过调节纤维素表面电荷，可以控制靶向药物的递送。

在组织工程领域，纤维素可以作为支架材料，为细胞存活提供立体空间，有利于营养物质的吸收、交换和代谢废物的传递。在细胞培养[39]、骨组织再生[40]、人工血管[41]以及柔性生物传感器设备[42]方面具有广阔的应用前景。在工业领域，纤维素还常用于包装、造纸和涂料。研究人员已经开展各种研究和开发活动以促进使用可生物降解和环保的包装材料。许多纤维素衍生物，如羧甲基纤维素、甲基纤维素、乙基纤维素、羟丙基纤维素等常用于制备纤维素基薄膜[43]。纳米纤维素通过化学和物理修饰，可作为柔性基板或各种类型的智能纸用于储能设备，比如超级电容器和可充电锂离子电池。这两种储能设备已经成为从便携式电子产品到电动汽车、混合动力电动汽车甚至大型储能系统等应用的重要电源[44]。

2.2　半纤维素结构、性质与应用

半纤维素是木质纤维素类生物质的重要组成成分，也是地球上最为丰富的糖类物质之一，其每年全球产量约为 600 亿 t[45]。作为一类在植物细胞壁中广泛存在的复杂杂聚糖，其结构与纤维素具有一定的相似性，却呈现更为多样的化学成分和结构性质。本章将深入探讨半纤维素的结构性质及其主要应用。随着人们对可再生资源关注度的不断增加，半纤维素作为一种天然、丰富的生物质资源，引起了广泛的研究兴趣。本章节首先介绍半纤维素的基本结构，深入剖析其在植物细胞中的角色，随后探讨半纤维素的物理和化学性质，最后聚焦于半纤维素在生物质材料、生物能源、医药和食品工业等领域的应用，展示其在可持续发展和绿色生产中的潜在价值。

2.2.1　半纤维素结构

半纤维素占木质纤维素类生物质干重的 $20\%\sim30\%$，作为植物次生细胞壁的主要成分之一，半纤维素填充在纤维素之间，负责连接细胞壁中木质素和纤维素成分，并调节纤维素微纤维的聚集。有研究表明，半纤维素可以起到分散剂的作用，防止纤维素束在压缩时聚结，而在张力下会加强与纤维素表面的黏附相互作用，起到黏合剂的作用[46]。图 2-7 简要地展示了木质纤维素的结构。在木质纤维素结构中，半纤维素与纤维素通过氢键连接。木质素与半纤维素之间通过共价键和非共价键相连接，后者可以形成木质素-碳水化合物复合体（LCC），该复合体兼具木质素的机械强度、疏水性以及多糖的生物相容性、抗致病性和亲水性等特征。除此之外，木质素与半纤维素之间还存在有丰富的非共价键，主要包括偶极-偶极相互作用、伦敦色散和氢键作用[47]。

与纤维素不同，半纤维素是一种杂聚糖，由五碳糖和六碳糖以及一些糖酸杂聚而成。半纤维素的骨架为木聚糖，主要由木糖、阿拉伯糖、葡萄糖醛酸构成。除此之外，大多数的半纤维素是短链的，聚合度为 80～200。植物种类、细

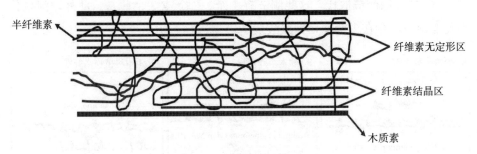

图 2-7　木质纤维素结构

胞类型、位置以及发育阶段都会影响半纤维素的类型。图 2-8 分别给出了硬木、软木以及禾本科植物中半纤维素的结构。在硬木中，半纤维素主要有 O-乙酰-4-O-甲基葡萄糖醛酸氧酐（O-acetyl-4-O-methylglucuronoxylan）、葡甘露聚糖（glucomannan）和木聚糖（xyloglucan）三种。O-乙酰-4-O-甲基葡萄糖醛酸氧酐作为半纤维素的主要成分，其骨架是由 β-1,4 键连接的 D-吡喃木糖组成。除此之外，葡甘露聚糖作为半纤维素的第二大丰富成分，其含量主要为 2%～5%，骨架主要由 β-1,4 键连接的 D-葡萄糖吡喃糖和 D-甘露吡喃糖单元组成。在硬木的初生细胞壁中，尤其是在双子叶植物中，以 β-1,4 键连接的 D-葡萄糖醛酸单元组成主要骨架的木聚糖通过与纤维素之间强烈的相互作用实现木质素与纤维素之间的连接。

在软木中，半纤维素由半乳糖葡甘露聚糖（O-acetylgalactoglucomannan）、葡糖醛酸木聚糖（glucuronoxylan）以及阿拉伯半乳聚糖（Arabinogalactan）组成。作为软木树种中半纤维素的主要成分，半乳糖葡甘露聚糖占其干物质量的 10%～25%。其主链是一个线性或微支链，由 1,4 键连接的 β-D-甘露糖和 β-D-葡萄糖吡喃糖单元组成，而 1,6 键连接的 α-半乳糖吡喃糖单元仅与甘露糖单元相连（图 2-8B），半乳糖葡甘露聚糖的平均聚合度为 100～150。半乳糖葡甘露聚糖中乙酰基含量约为 6%，相当于平均每 3～4 个己糖单位含有 1 个乙酰基。一般情况下，葡糖醛酸木聚糖占软木的一小部分（占干物质量的 5%～10%），由 1,4 键连接的 β-D-木吡喃糖单元组成。主链上的木糖单元在 C-2 和 C-3 分别被 4-O-甲基-α-D-葡萄糖醛酸基团和 α-L-阿拉伯糖取代（图 2-8B）。阿拉伯半乳聚糖是一种水溶性的支链多糖，占软木的干质量不到 1%，由半乳糖和 L-阿拉伯糖的摩尔比为 6∶1 组成。主链由 1,3 键连接的 β-半乳糖吡喃糖单元组成，其中 C-6 的位置由 β-1,6-半乳糖和

α-1,3-半乳糖侧链取代，这些侧链有 1 个、2 个或 3 个残基。此外，阿拉伯半乳聚糖中还存在少量葡萄糖醛酸残基。

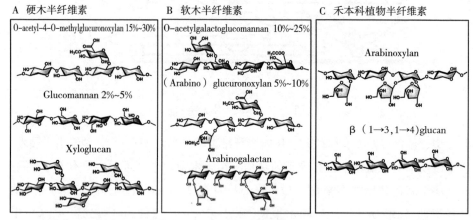

图 2-8 硬木（A）、软木（B）以及禾本科植物（C）中半纤维素的结构[45]

在小麦、玉米等禾本科植物中，半纤维素的主要成分是阿拉伯木聚糖。它由 1,4-β-D-木吡喃糖单元的线性主链组成，其中单个 α-L-阿拉伯糖残基是 1,4 键连接的 D-木吡喃糖残基，通过 α-1,2 和/或 α-1,3 键作为侧基连接（图 2-8C）。

同纤维素一样，半纤维素也有结晶区，只是相比于纤维素的两相结构（结晶区和无定形区），半纤维素的大部分区域是无定形结构，因为较多的侧链与支链阻止了氢键的形成。目前，有相关研究表明半纤维素的结晶度会对其成膜性能有关键影响，结晶度过高会阻碍其成膜，导致薄膜出现裂孔或者碎裂现象。在成膜过程中，水分子蒸发，半纤维素分子之间互相缠结聚集，在此过程中产生的剪切应力造成了半纤维素薄膜的破裂。支链越多，分子质量越大，半纤维素分子链之间越难聚集，越有利于成膜[48]。

2.2.2 半纤维素性质

相比于纤维素，半纤维素聚合度较低，而且具有一定的侧链和支链，所以半纤维素在水中和碱液中有一定的溶解度。不同结构及聚合度的半纤维素在水中和碱液中的溶解度存在差异性，一般情况下，半纤维素支链越多、聚合度越低，越易溶于水，因此分离得到的半纤维素溶解度要比纯天然的半纤维素溶解度高。

由于半纤维素的糖基种类繁多，糖基之间的连接方式也多种多样，因此相比于纤维素具有更活泼的化学性质。首先，半纤维素可以在热的无机酸中发生降解，在酸催化作用下，半纤维素被水解为单糖。在大多数情况下，各配糖化物的 $\beta-D-$型较 $\alpha-D-$型更易水解。半纤维素在碱性条件下也可以发生降解，碱性降解包括碱性水解和剥皮反应。碱性水解是指在高温条件下，半纤维素在稀碱溶液中糖苷键断裂。与酸解一样，含有不同糖基和糖醛酸基的半纤维素碱性水解速率不同，比如呋喃式配糖化物的碱性水解速率要比吡喃式配糖化物的高很多，同是呋喃式糖化物，反式构型的碱性水解速率要比顺式同分异构体高很多倍。所谓剥皮反应，是指在较温和的条件下发生的聚糖降解反应。与纤维素相同，半纤维素的剥皮反应也是从还原性末端开始，逐个进行。然而由于其含有更丰富的支链与分支，所以半纤维素的剥皮反应更复杂。

除了酸降解和碱降解，酶解也是一个比较常见的降解半纤维素的方法。半纤维素的复杂结构决定了酶降解需要多种酶的协同作用，以木聚糖的酶降解为例，其完全水解需要木聚糖酶以及其他酶的协同作用。内切 $(1,4)-\beta-D-$木吡喃糖酶负责随机断裂木聚糖骨架，产生木寡糖，降低了聚合度，然后在外切酶 $\beta-$木糖苷酶作用下，木寡糖分解为木糖。由于支链糖基的存在会阻抑木聚糖酶的作用，因此需要不同的糖苷酶水解木糖基与支链糖基之间的糖苷键，比如 $\alpha-L-$阿拉伯糖苷酶、$\alpha-D-$葡萄糖醛酸酶、乙酰酯酶等。研究表明这些特异性糖苷酶以协同方式与内切木聚糖酶和 $\beta-$木糖苷酶一起高效降解木聚糖。

根据半纤维素的类型，其 C_2、C_3 以及 C_6 上的羟基可以被当作大多数化学修饰的反应位点，包括酯化、醚化、氧化、接枝共聚、点击反应以及交联反应等[49]。根据反应位点的不同，把半纤维素可以发生的化学反应分成两大类，分别是羟基取代和单糖单元开环。首先，同纤维素一样，半纤维素携带的羟基赋予了其醇的性质，因此在酸、酸酐或酸酯存在下，可以发生酯化反应，比如氯化酸、羧酸以及酸酐等。选择不同的酯化试剂对改性后的半纤维素性质产生不同的影响。半纤维素与酰氯（丁基氯、苯甲酰氯和月桂酰氯等）发生反应后，其疏水性会得到改善；而与酸酐（乙酸酐、丁二酸酐和马来酸酐）反应后，亲水性增强[49]。在均相条件下，半纤维素可以发生高效酯化反应，得到高产率半纤维素酯类衍生物。

作为另一种常见的化学改性方法，半纤维素醚化反应被广泛研究，主要有甲基化、羧甲基化、季铵化以及苄基化等。在氢氧化钠或其他催化剂存在下，

半纤维素 C_2、C_3 和 C_6 上的游离羟基可以与醚化试剂发生反应,其中最典型的是环氧化物、烷基磺酸盐以及烷基卤化物。通过醚化反应,半纤维素的疏水性、成膜性以及化学活性得到改变。醚键比酯键更稳定,尤其是在碱性条件下,因此醚化反应扩大了改性半纤维素材料在医药、造纸以及食品生产领域的应用。然而,在碱性条件下的半纤维素水解反应会影响醚化反应的效率,因此为了抑制半纤维素的降解,会选择使用非均相体系,比如水/有机溶剂(乙醇或二甲基亚砜)。

除了上述常见的化学性质,半纤维素还可以发生还原胺化反应。还原胺化反应被看作是半纤维素化学改性的一种高选择性方法。通过这种反应,可以将各种氨基锚定在半纤维素的糖结构上。还原胺化反应通常包括两步,分别是席夫碱的形成以及还原物仲胺生成。在温和条件下,半纤维素链还原端的开环醛在水介质中作为氨基偶联剂的附着点,通过这种反应,半纤维素的主要组分——木聚糖的相对分子质量可以得到提高[49]。半纤维素链中的糖单元可以发生氧化反应将醛和羧基通过开环引入到链中。作为含仲羟基的天然多羟基多糖,半纤维素理论上可以被氧化为 2-酮、3-酮或 2,3-二酮。与纤维素和淀粉的氧化反应类似,半纤维素的氧化反应会适度地使半纤维素分子链解聚。

同许多天然大分子一样,半纤维素也可以发生接枝共聚反应。接枝共聚反应能够使各种官能团高效、便捷地引入大分子聚合物中,赋予其相应的特性。主要的接枝共聚类型有自由基聚合、开环聚合和原子转移自由基聚合。接枝共聚常用的单体有丙烯腈[50]、丙烯酸[51]、丙烯酰胺[52]以及丙交酯[53]等;常用的引发剂有硝酸铈铵、过硫酸钾以及过硫酸铵等[54]。

2.2.3　半纤维素的提取方法

目前,从植物中提取半纤维素的方法有多种,可以分为三类,分别是物理提取法、化学提取法以及组合提取法(图 2-9)。其中,物理提取法包括水热法、蒸汽爆破法等。水热提取法是指在高温高压下,植物纤维在水中加热释放乙酸,利用自身释放的乙酸发生水解反应从而分离出半纤维素。在高温高压下,液态水可以穿透生物质的细胞壁、水合纤维,进而有效地提取细胞壁中的半纤维素。然而,需要严格控制水热反应条件,因为温度过高会导致生物质中的半缩醛键断裂生成酸,进而导致半纤维素糖苷键的断裂。除此之外,通过水热法抽提出的半纤维素聚合度不高,并且该方法具有能耗高的缺点[55]。

蒸汽爆破法是当前木质纤维素生物质三素分离技术中广泛采用的方法。其作用机理是蒸汽爆破过程中，高压蒸汽渗透到纤维内部，以气流的方式从封闭的空隙中释放出来，从而使得纤维素发生一定的机械断裂。在常压下，用热水浸提蒸汽爆破后的物料，可以提取出水溶性半纤维素、低聚糖和单糖组分。蒸汽爆破法的费用较低，效果明显，然而其对设备的要求较高，能耗较大，并且在高温条件下木聚糖会进一步降解生成糠醛等副产物。

化学预处理主要包括碱性提取、酸性提取、低共熔溶剂提取、离子液体提取以及高压流体提取等方法。碱性提取是从木质纤维素类生物质中分离和提取半纤维素的常用方法，在这个过程中，溶胀作用使得纤维的细胞壁被打破，结晶度降低，碱液进入纤维空隙，碱液中含有的氢氧根阴离子会削弱纤维素与半纤维素之间的氢键、皂化木质素与半纤维素之间的酯键，从而导致纤维素溶胀、木质素溶解，半纤维素被提取出来[56]。通常，NaOH、KOH 是最常见的提取试剂。单纯使用碱性提取法得到的半纤维素得率并不高，有研究者使用 KOH 提取玉米秸秆中的半纤维素，测得在碱浓度为 60g/L 时，半纤维素得率最高，为 21.52%。目前，关于碱性提取方法，更多研究者将重点放在碱性提取方法的优化以及与其他方法联合使用上，比如 Chae Hoon Kim[57]等通过碱处理对从溶解浆中提取得到的半纤维素进行表征，他们采用两种浓的碱性溶液（KOH、NaOH）连续进行两步碱性萃取，在第一阶段使用 24% KOH（wt）

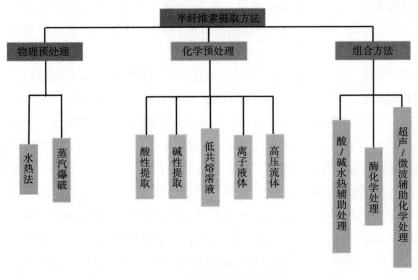

图 2-9　半纤维素的提取方法

溶液提取半纤维素，在第二阶段使用 18% NaOH（wt）和 4% H_3BO_3（wt）溶液萃取半纤维素，最终检测到木聚糖的提取率可以达到 76.4%。其他相关的研究还有冻融辅助碱提取[58]、机械辅助碱提[59]等。这种方法可以有效地提取半纤维素，缺点是会消耗大量的碱。

酸提取法也是半纤维素常用的提取方法。在酸存在下，酸溶液中的氢离子会和水生成水合氢离子，使得糖苷键中的氧原子质子化，产生共轭酸，进而使得糖苷键断裂。之后，多糖链末端形成的正碳离子与水反应，形成单糖相继溶出，同时释放的质子与水结合产生的水合氢离子继续参与反应，从而分离出半纤维素[56]。一般采用浓度小于 10% 的稀酸（硫酸、盐酸、磷酸等）为催化剂，反应条件为 100~240℃，压力一般高于 1MPa，反应几秒钟到几分钟。稀酸处理的优点是反应进程快，适合连续生产，然而其所需的温度和压力都较高，并且由于酸会腐蚀设备，因此对设备的要求高，而且生成的降解产物难回收，不利于环境保护，也不利于生物质发酵。

低共熔溶剂（DES）也是提取半纤维素的优良溶剂，其具有低熔点、低蒸汽压和高溶解度的特点。DES 可以破坏木质纤维素原料中的氢键，使木质素-碳水化合物复合体结构断裂，促使半纤维素与木质素之间的酯键和醚键大量断裂。随后在 DES 试剂解离出来的质子环境中，半纤维素发生水解生成单糖，即木糖、阿拉伯糖、甘露糖和半乳糖[60]。然而，关于 DES 在木质纤维素生物质预处理领域的研究还在起步阶段，关于 DES 的构效关系、反应机制等仍然需要进一步研究，并且如何高效地实现 DES 的回收再利用也是一个值得探索的问题。

离子液体（IL）是由有机阳离子和有机或无机阴离子组成的盐，在室温条件下呈液态。离子液体可以溶解大量的纤维素和木质素，研究发现氯化 1-烯丙基-3-甲基咪唑（[Amim] Cl）与其他离子液体相比对纤维素有更好的溶解性；而 1-甲基-3-甲基咪唑乙酸盐（[Emim] [CH_3COO]）离子液体可以专门脱除木质素，在此过程中，纤维素与半纤维素不会溶解，同时对纤维素的结构不构成严重的影响。因此，有研究者通过两步法，即先使用 1-甲基-3-甲基咪唑乙酸盐（[Emim] [CH_3COO]）分离得到半纤维素和纤维素，再选取氯化 1-烯丙基-3-甲基咪唑（[Amim] Cl）抽提半纤维素，然而半纤维素得率较低[61]。随后，研究者们发现在碱性条件下可以实现离子液体有效分离半纤维素，以氯化 1-烯丙基-3-甲基咪唑（[Amim] Cl）为溶剂对竹子进行溶解和分馏，采用 0.5mol/L NaOH 水溶液，再加入 1.0mol/L NaOH 的 70% 乙醇，可有效分离半纤维素。分离得到的半纤维素主要由 4 - O - 甲基 - α - d - 葡萄糖醛酸 - α - l - 阿拉伯糖 - β - d - 木聚糖组成[62]。离子液体可以作为溶解木质纤维素和实现三素分离的理想试剂，因为它们无毒、化学稳定和可回收，并且具有低熔点和出色的离子导电率，然而关于离子液体的回收需要优化，研究应重点关注离子液体的循环和利用问题。

超临界流体等高压流体作为普通溶剂的替代品受到了越来越多的关注，从绿色化学的观点看，CO_2 和 H_2O 是最有前景的高压流体，因为它们可再生而且不易燃。高压 CO_2 和 H_2O 的混合物被认为是可以代替传统酸、碱体系的重要替代品。CO_2 溶解在水中，可以形成碳酸，促进酸催化的生物质溶解，相应地，半纤维素可以溶解并水解成相应的糖，包括木聚糖单体和一些低聚物[62]。与传统的水热法相比，高压流体法不需要额外的催化剂，虽然是类似于弱酸催化的预处理过程，但由于减压脱除 CO_2，因此介质的酸性不构成环境问题[62]。

除了物理预处理和化学预处理之外，还有综合提取方法，主要有酸/碱水热辅助处理、酶化学处理以及超声/微波辅助化学处理。已有研究表明，单纯使用水热法提取半纤维素，最终木聚糖得率为 50.59%，而水热联合碱处理提取棉秆中的半纤维素，最终木聚糖得率为 67.75%[63]。除此之外，研究人员已经通过响应面法确定出超声辅助碱法提取半纤维素的最佳条件为：KOH 浓度为 7%（wt），提取温度为 58℃，提取时间为 21min，最终半纤维素得率为 37.17%[64]。与传统的处理法相比，综合方法可以提高半纤维素得率，提高生产过程效率，降低化学试剂消耗量，减小对环境的污染，达到最大化的资源利用[63]。然而，综合方法提取半纤维素过程得到的目标产物含杂质量比较高，因此后续的研究重点可以聚焦在实现目标产物的纯化，从而进一步提高商业应用价值。

2.2.4 半纤维素应用

相较纤维素和木质素，半纤维素结构不稳定，往往在提取过程中就会遭到破坏。在制浆造纸过程中，半纤维素会随纤维素进入纸浆，成为纸质产品的组成成分。此外，造纸工业的制浆废液、农林废弃物和城市垃圾中也含有相当数量的半纤维素及其降解产物。因此，研究半纤维素的应用对于实现生物质资源协同、高效利用具有重要意义。与纤维素一样，半纤维素可以形成水凝胶、纳米粒子、乳化剂、薄膜以及碳材料等[45]。半纤维素因其结构稳定性差、性能难以调控，在制备功能材料方面应用较少。与此相反，半纤维素易于水解、脱水和可参与酯化、醚化等反应，其转化制糠醛、木糖醇等化学品成为其利用的主要途径。

在工业领域中，酸水解半纤维素后得到的很多单糖可以用来生产各种化学品，其中糠醛是由半纤维素生产的最重要的化工产品。糠醛由于其含有的醛基和呋喃环结构，已经被用作合成多种化学品的平台分子。糠醛的商业化生产主要是以玉米芯为原料（半纤维素含量很高）通过酸解-汽提法制得。玉米芯等富含半纤维素的生物质用稀酸水溶液在高压条件下加热，半纤维素水解成木糖，木糖脱水后得到糠醛（图 2-10）。在反应过程中，大量的蒸汽被引入加热的反应器中，并以此为载体将糠醛蒸汽带出反应器[65]。当前糠醛生产工艺的缺点在于酸腐蚀性大、能耗高、效率低以及酸性固体残渣对环境危害大等，因此，开发新型催化剂和反应体系以克服以上缺点是当前生物质炼制的热点。

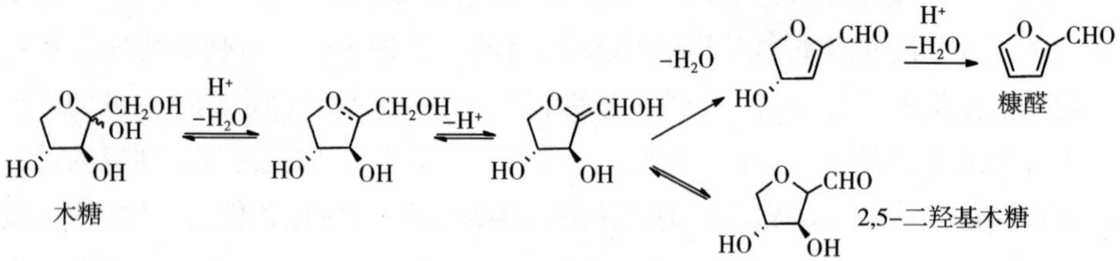

图 2-10　木糖转化制糠醛

富含木糖的半纤维素水解产物也是通过化学或生物技术途径生产木糖醇的主要原料。木糖醇是 20 世纪 60 年代发展起来的一种甜味剂，其甜度和热容量与蔗糖相同，但热量较蔗糖低。木糖醇可以降低血糖、甘油三酯和胆固醇水平，被证明具有较强的抗酮体作用，可以作为抗酮剂和代谢纠正剂来拯救酮体病人[66]。在工业上，木糖醇的生产工艺主要包括以下步骤：首先，水解预处理木质纤维素，从而提取出半纤维素；之后，半纤维素在酸性条件下水解制得木糖；最后，木糖在一定的温度（140~200℃）和压力（5~6MPa）下通过金属催化剂加氢还原生成木糖醇（图 2-11）。目前，这种方法虽然转化率较高（50%~60%），但是整个过程消耗太多的能量，昂贵的设备以及复杂的纯化步骤也是限制木糖醇大规模工业生产的因素。考虑到这些缺点，研究者们开始考虑采用酵母生物技术生产，相比于化学路线，它不需要复杂的设备以及严格的反应条件。在这方面，念珠菌属受到了研究人员的关注，因为它具有从木糖到木糖醇的高转化效率（约86%）以及高生产效率［约0.63g/(L·h)］。然而，一些半纤维素水解产物可能会对微生物造成危害，因此提高微生物对这些物质的适应能力以及探讨如何调节内部的代谢机制对于生物转化方法具有重要意义[67]。

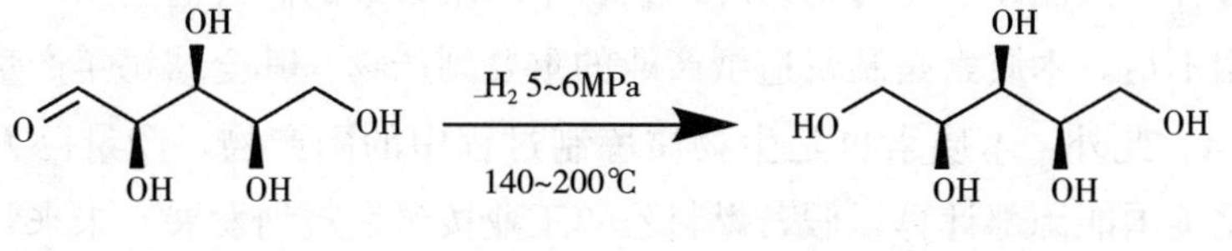

图2-11　木糖还原为木糖醇

除了上述化学品外，半纤维素还可以用于生产乙醇，比如其水解产物中的甘露糖、葡萄糖和半乳糖等都可以用于发酵制备乙醇[68]。半纤维素生产乙醇主要包括三个过程，分别是水解产生单糖、单糖发酵制乙醇和乙醇蒸馏提取。多糖水解产生单糖可以通过化学或者生物过程实现，常见的化学过程包括上述提到的酸水解、碱水解等，生物过程则指使用半纤维素酶来实现水解。半纤维素作为复杂的聚合物，其有效分解需要许多半纤维素酶的协同作用，比如木聚糖酶、甘露聚糖酶、葡萄糖醛酸酶以及木糖苷酶等。半纤维素水解产生的单糖种类和含量因原料的不同而不同。针叶木原料半纤维素的水解产物主要是甘露糖、葡萄糖、木糖，还包括少量的半乳糖和阿拉伯糖；阔叶木原料半纤维素的水解产物主要是木糖，还包括少量的甘露糖和葡萄糖；农作物秸秆和草类半纤维素的水解产物主要是木糖，还包括少量的阿拉伯糖。六碳糖比如半乳糖、甘露糖和葡萄糖通过糖酵解过程转化为丙酮酸，丙酮酸进一步脱羧形成乙醛，随后乙醛还原成乙醇。五碳糖比如木糖，先通过异构化形成木酮糖，随后木酮糖激酶将其磷酸化为5-磷酸木酮糖，经过转醛醇酶以及转酮醇酶的共同作用，5-磷酸木酮糖进而被转化为甘油醛-3-磷酸及葡萄糖-6-磷酸，随后进入磷酸戊糖途径转化为乙醇[69]。当前，许多文献已经报道包括细菌、酵母菌和丝状真菌在内的几种微生物可以发酵木质纤维素的水解产物产生乙醇。其中，大肠杆菌、酿酒酵母、运动发酵单胞菌与木质纤维素乙醇生产过程最相关[70]。利用可再生的植物纤维原料制取燃料乙醇目前存在的问题是成本偏高，选择性能更优良的酶和发酵菌种及降低成本是未来该领域努力的方向。

2.3　木质素结构、性质与应用

木质素是陆地上仅次于纤维素的含量第二丰富的生物聚合物，也是全球范围内唯一可以大量获得的可再生芳香性资源。然而，长期以来，大多数生物炼制研发过程只关注碳水化合物（纤维素、半纤维素）的高价值利用，而对木质素的利用不足。木质素是制浆造纸产业的重要副产物，其全球每年产量超过了3 000万t。此外，木质素也是生物质炼制过程中的副产物，产量巨大且增长迅速。据美国能源部计算，假若燃料乙醇工业按预期规划发展，未来几年美国从该产业中每年至少可产生6 200万t的木质素副产物。木质素当前缺乏合理的利用途径，大部分作为低品质固体燃料直接被燃烧，其直接排放或燃烧造成了巨大的资源浪费和严重的环境污染。将木质素转化为增值产品不仅可以充分利用自然资源，而且可以提高整个生物质炼制过程的经济性和碳效率。

木质素由具有高碳氧比的苯丙烷单元聚合而成，这使其成为生产高品质燃料（如航空燃料和柴油）和高值化学品（如苯酚、苯、甲苯和二甲苯）的优质原料。尽管科研工作者在木质素增值方面投入越来越多的努力，但其工业化转化和商业回报仍未如人意，主要是目标产品的产率很低。将木质素定向、高效转化为高值化学品的挑战在于其复杂、异质和顽固的结构，以及其解聚中间体的高反应活性，这些中间体会导致发生大量不受控制的缩合反应。另外，木质素作为一种天然芳香族聚合物，无毒且可生物降解，在各种应用中具有替代人工合成聚合物的巨大潜力。此外，木质素固有的芳香结构赋予其众多优良特性，如抗紫外线、抗氧化、抗菌和两亲性。木质素在功能材料领域已有所应用，且未来在该领域还有巨大的发展空间。木质素的分离方法众多，来源多样，结构和性质差异也很大。只有充分了解不同来源木质素的结构和其理化性质，明确其化学反应途径和机制，才能在工业规模上实现将木质素转化为各类功能材料。鉴于木质素在高品质燃料和化学品方面尚未实现规模化应用，本章从木质素的结构和来源出发，重点介绍木质素在高价值材料领域中的应用，包括高分子材料、纳米材料和电池等，最后分析了木质素高值化利用中存在的挑战。

2.3.1　木质素结构

早在1838年，法国科学家安塞姆·佩恩（Anselme Payen）发现了木材中存在两大类物质：一种是纤维状物质，另一种是包覆在纤维状物质周边的无定型物。佩恩将纤维状物质命名为纤维素（cellulose），而将无定型物称作"包覆物"（encrusting material）[71]。佩恩同时发现"包覆物"相较于纤维素含有更高的 C/O 和能量密度。1865 年，德国科学家 F. Schulze 分离提取出纯度较高的"包覆物"，并初步探究了其物性，将其命名为"lignin"。"lignin"是从木材的拉丁文"lignum"衍生而来的，中文译为木质素或木素。三年之后，E. Erdmann 利用碱从木材中提取木质素时，发现木质素解聚可生成大量的邻苯二酚和原儿茶酸类物质，由此推测木质素是由芳香性物质构成。1890 年，Benedikt 和 Bamberger 仔细研究了木质素的结构，证明木质素芳香环上存在大量的甲氧基[72]。之后，Peter Klason 对木质素的分离提取及结构解析做了大量工作，建立了 Klason 木质素定量分析法，提出了木质素源于松柏醇（coniferyl alcohol）的学说[73]。同一时期的科学家 Freudenberg 在木质素化学领域也作出杰出的贡献，他的研究证明了木质素的基本结构单元是苯丙烷类衍生物，指出木质素是由这类物质通过 C—O 键和 C—C 键连接而成[74]。之后，经过几代科学家的不懈努力，尤其是到了 20 世纪 90 年代末，光谱技术（如二维核磁）在木质纤维素结构解析方面得到了深入应用，木质素的结构和性质变得越来越清晰。

木质素是木质纤维素类生物质中第二大组成成分，其含量仅次于纤维素，一般占植物干重的 15%～30%，也是世界上唯一可大量获取的芳香性可再生资源[75]。木质素与纤维素和半纤维素一样，都是由碳、氢、氧三种元素构成。不同的是，木质素不属于糖类，其中的碳元素质量占比较高，一般超过了60%，使得木质素的能量占比在木质纤维素中超过了 40%[76]。从化学结构上来说，木质素是以苯丙烷类物质为结构单元，通过 C—O 键和 C—C 键连接而成的三维网状无定型高分子聚合物。木质素的化学结构具有高度的复杂性、异质性和多变性。近几十年来，虽然对木质素的结构研究越来越深入，但木质素的本征结构仍不清晰。木质素在软木（softwood）、硬木（hardwood）和草木（herbaceous plant）中的占比和结构都不同。同一品种的植物在不同的生长环境和生长时期，其中的木质素含量和结构也有不同，甚至在同一细胞的不同壁层之间，木质素的结构也存在差异[77]。此外，木质素在提取过程中容易发生降解、缩合和衍生化反应，使得分离所得到的木质素和天然木质素在结构和物化特性上存在一定差异。总的来说，木质素的化学结构受植物种类、植物部

位、生长时期、生长环境以及分离方法等因素的影响。因此，木质素并不代表
单一的物质，而是代表植物中具有相似结构和共同性质的一类物质。

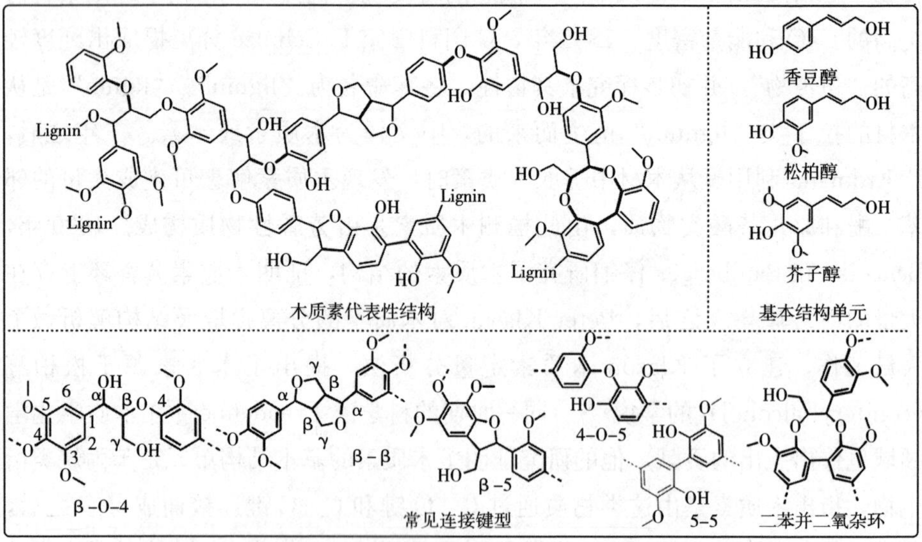

图 2-12　木质素的代表性结构、基本结构单元和常见连接键[78]

木质素的苯丙烷结构单元一般有三种类型，分别是愈创木基型（guaiacyl，
简称 G 型）、紫丁香基型（syringyl，简称 S 型）和对羟苯基型（p-hydroxy-
phenyl，简称 H 型），其合成前体分别为松柏醇、芥子醇和香豆醇。木质素的
代表性结构、基本结构单元及常见连接键如图 2-12 所示。硬木木质素属于
G-S 型木质素，其中含有 25%～50% 的 G 型结构单元和 50%～75% 的 S 型
结构单元，以及少量的 H 型结构单元。软木木质素属于 G 型木质素，G 型结
构单元占比达到了 90%～95%，此外还有少量的 H 型结构单元（0.5%～4%）
和 S 型结构单元（0～1%）。草木木质素为 G-S-H 型木质素，其中 G 型结
构单元占比为 25%～50%，S 型结构单元占比为 25%～50%，H 型结构单元
占比为 10%～25%。通常 C—O 键的比例超过了 65%，在此当中 β-O-4 结
构占绝对优势（软木中为 43%～50%，硬木中为 50%～65%）。β-O-4 结构
中的 C—O 键的键解离能相对较低，因此其含量越高，木质素越容易降解转
化。另外，因 β-O-4 结构容易在木质素分离提取过程中被破坏，其含量的高
低也常用来评价所提取木质素是否接近天然木质素。相比于 C—O 键，C—C
键的键解离能较高，含有高比例 C—C 键的木质素缩合度高，一般难以降解和

转化。S型结构单元苯环上有两个甲氧基，阻碍了相邻环间 C—C 键（如 5—5′键）的形成，因此 S 型结构单元含量高的木质素缩合度低，并且相对呈线性结构，便于降解和转化。相反，G 型木质素（软木木质素）5—5′键含量很高，降解转化较困难。值得注意的是，近几年人们在一些植物（如香草兰）种子壳中发现了一些新的木质素（C-lignin 和 5H-lignin），这种木质素结构单元和连接键型都十分规整，大分子呈现出高度线性结构，在制备高值化学品和碳纤维方面有巨大潜力[79]。

2.3.2 木质素来源

木质素可分为天然木质素和工业木质素。天然木质素是指木质纤维素中未经任何修饰的原始木质素结构，作为一种天然聚合物，天然木质素并不单独存在于自然界中，它始终作为木质纤维素的一部分存在。因此，大多数正在研究的木质素为工业木质素，即从生物质中提取或从工业副产品中回收的木质素。根据生产工艺不同，工业木质素主要分为木质素硫酸盐、木质素磺酸盐、碱木质素、有机溶剂木质素、酶解木质素等。

木质素硫酸盐（kraft lignin）是硫酸盐法制浆的副产物。在传统的硫酸盐法制浆过程中，氢氧化钠和硫化钠的水溶液在 $150\sim170℃$ 的高温下与木质纤维素在一个大型压力容器中发生反应，经过几个小时的处理，木质素结构中的醚键可以裂解并转化为小的木质素碎片，也称为碱溶性木质素。之后，向黑液中添加酸将硫酸盐木质素沉淀出来进行回收。硫酸盐木质素含有脂肪族硫醇基团，导致其具有特殊气味[80]。

木质素磺酸盐（lignin sulfonate）是一种水溶性木质素衍生物，是亚硫酸盐制浆的副产品，由疏水的芳香骨架和亲水的磺酸基组成。在亚硫酸盐制浆过程中，木质素的 β-O-4 醚键被破坏，并在丙烷侧链 α 位置引入磺酸基，从而具备了水溶性和双亲性。双亲性赋予木质素磺酸盐显著的界面活性和润湿性、吸附性、分散性等物理化学性质，可作为有效的表面活性剂应用于许多工业领域[81]。

和硫酸盐木质素一样，碱木质素（alkali lignin）也是碱法制浆的副产物。在 $170℃$ 高温下，木材与烧碱溶液反应，发生一定程度碱性水解，木质素大分子的破裂与苯丙烷单元连接键的断裂同时发生，并伴随着自由酚羟基的产生。与此同时，木质素分子中的侧链氧化并产生羧基，聚合物破碎成较小的碱溶性片段。碱木质素在碱性环境下，酚羟基和羧基的电离作用增强，使其亲水性增强，从而能在碱性溶液中溶解[82]。

生物质中的木质素在一定条件下可以溶解在有机溶剂中，从液态馏分中回收的木质素称为有机溶剂木质素（organosolv lignin）。与其他提取方法相比，由于木质素在有机溶剂中未经过剧烈反应，因而木质素的结构单元之间的断裂、缩合程度比较低，酚羟基和羧基的含量较低，可以生产出高质量的木质素。有机溶剂木质素纯度高、不含硫、改性少，有利于生产过程中的下游工艺，因此也被认为是生产生物材料的理想木质素之一[76]。

酶解木质素（cellulolytic enzyme lignin）来源于生物法炼制乙醇后剩余的残渣。酶解木质素未经过碱或亚硫酸处理，在温和的条件下通过选择性地打开木质素与糖类的结合键而制得，因而降解率低、产量更高，也更能代表木材中天然木质素的结构[83]。

2.3.3　木质素在高分子材料中的应用

2.3.3.1　木质素基聚氨酯

木质素结构中的活性酚羟基和脂肪羟基，使其可以替代多元醇作为合成聚氨酯、酚醛树脂、环氧树脂或其他高分子材料的理想原料。木质素基聚氨酯（lignin-based polyurethane）可用于制造工程塑料、弹性体以及各种软质、半硬质和硬质泡沫材料。一般来说，可以使用两种策略来制备木质素基聚氨酯：一是木质素直接与异氰酸酯反应合成聚氨酯，二是使用木质素作为聚氨酯材料的填料。无论木质素作为反应原料还是掺入组分，聚氨酯材料的最终性能都由异氰酸酯类型、NCO/OH 摩尔比、作为软链段的第三组分、木质素类型及其分子质量控制。异氰酸酯主要用于调控聚氨酯的刚性。由于木质素相对刚性，因此通常引入柔性的二异氰酸酯来制备木质素基聚氨酯。然而，由于木质素具有致密的三维网络结构，其中的羟基受到阻碍，不能很好地参与反应。同时，酚羟基的反应活性远低于脂肪族羟基，因此增加脂肪族羟基的数量和反应活性是保证木质素与异氰酸酯充分反应的基础。

在这方面，Wang 等通过接枝柔性聚乙二醇链将碱木质素上的酚羟基转化为脂肪族羟基。合成的聚氨酯泡沫弹性恢复率大于 93%，且抗压强度随着木质素含量的增加而增加。该工作为木质素在柔性高弹性聚氨酯泡沫塑料中的应用提供了新途径[84]。NCO/OH 摩尔比也是决定聚氨酯网络的交联密度的一个重要因素，它受进料比、扩链剂和交联剂用量控制。在 Nacas 的研究中，硫酸盐木质素与二苯甲烷二异氰酸酯一起制备聚氨酯黏合剂。结果表明，当 NCO/OH 摩尔比为 1.2 : 1.0 时，化学交联、接枝共聚和氢键作用达到最佳组合，改性材料的拉伸强度最高，是纯聚氨酯的 3 倍[85]。

随着环保要求的不断提高，水性聚氨酯（waterborne polyurethane，WPU）材料的发展已成为流行趋势。与一般聚氨酯的制备相比，木质素基水性聚氨酯的制备多了中和和乳化两个步骤。在合成过程中，木质素可以分三个阶段引入，不同阶段需要木质素溶解在不同的溶剂中。在扩链阶段，要求木质素能溶解在丙酮、四氢呋喃等有机溶剂中；而乳化后引入的木质素组分要求其在水中具有良好的溶解度或分散稳定性。以硝基木质素（nitro-lignin，NL）改性 WPU 的制备为例，NL 在丙酮和水中均有良好的溶解度，因此可以在制备 WPU 的三个阶段中的任何阶段引入 NL[86]。在扩链阶段加入 NL 可以保证反应完全，获得以 NL 为中心的星形网络结构的聚氨酯材料（方法Ⅰ）。当在水乳化阶段引入 NL 时，NL 上的—OH 与水竞争并与—NCO 反应，导致木质素和 WPU 之间的化学键减少（方法Ⅱ）。而当 NL 与乳化的 WPU 混合时，它们之间几乎不形成化学键，因此，NL 只能通过物理相互作用与基质结合（方法Ⅲ）。三种 WPU 的机械强度顺序为Ⅰ＞Ⅱ＞Ⅲ[86]。综上所述，不同阶段木质素的引入与化学键的形成直接相关，从而影响最终产品的结构和机械性能。

2.3.3.2　木质素基酚醛树脂

酚醛树脂因其成本低、耐热性好、机械强度高等优点而被广泛应用。木质素具有丰富的酚羟基结构，可以代替酚在碱性条件下与甲醛反应合成酚醛树脂。同时，木质素还具有醛基，可以代替甲醛在酸性条件下与苯酚反应[87]。因此，调节 pH 可以控制木质素与苯酚或甲醛的反应顺序，制备木质素基酚醛树脂（lignin-based phenolic resin）。有两种方法常用于合成木质素基酚醛树脂：①通过木质素与酚醛树脂间的共聚、交联反应，制备具有良好亲和力的树脂；②木质素在固化反应过程中与酚醛树脂形成接枝共聚物，起到扩链作用[88]。此外，将木质素直接掺入树脂也是一种改性策略。尽管木质素不参与化学反应，但极性基团诱导的相互作用使两种材料部分相容。

用木质素代替部分苯酚制备酚醛树脂的工艺过程如下：首先将苯酚和木质素在室温下充分混合，然后加入甲醛溶液（37%～41%）和催化剂（NaOH）

并在 92～95℃下反应 3h[89]。理论上，制备木质素改性酚醛树脂的固化温度与常规酚醛树脂的固化温度相同，但由于木质素分子体积较大、芳香环上的空间阻力较高，酚羟基与甲醛的反应活性受到限制，导致固化时间较长。因此，通常对木质素进行去甲基化和羟基化处理以提高其反应活性。Gao 等将 HBr 用作三功能催化剂对碱木质素脱甲基化，在微波辐射下，酚羟基含量从2.89mmol/g 增加到 5.90mmol/g。这将缩短固化时间，并减少甲醛的释放量。使用这种方法木质素可以替代 50％（wt）的苯酚，制备的树脂也能达到外墙胶合板的黏合强度标准[90]。目前，木质素最多可替代 75％的苯酚用量[91]。由于木质素的反应活性比苯酚要低，因此木质素很难完全替代苯酚。基于此，研究人员开发了木质素与其他材料的组合，以进一步增强酚醛树脂的性能。Zhang 等用木质素和预处理后的晶须硅改性酚醛树脂，将这三种成分与发泡剂一起搅拌以生成酚醛树脂泡沫。结果表明，Si—O 键的形成使抗压强度和弯曲强度分别提高了 81.1％和 80.5％，此外，晶须硅和木质素的共同引入使得泡沫空隙更加均匀且细小[92]。

2.3.3.3　木质素基环氧树脂

环氧树脂是环氧氯丙烷与双酚 A 或多元醇的缩聚产物，是另一种重要的工程塑料。环氧树脂具有附着力好、固化收缩率小、耐热性优异等多种性能，使其广泛用作黏合剂、涂料和助焊剂材料等。木质素可代替双酚 A 或多元醇制备环氧树脂，其中的各种官能团预计能参与环氧树脂的固化反应。木质素的三维网络结构有助于提高反应组分之间的相容性，此外，木质素的芳香结构增强了环氧树脂的刚性、稳定性和耐溶剂性。

制备木质素基环氧树脂（lignin-based epoxy resin）主要有三种方法：①木质素直接与环氧树脂基体混合，形成互穿聚合物网络结构。在 Kenta 的研究中，木质素与聚乙二醇二缩水甘油醚在没有任何溶剂的情况下混合，合成的树脂表现出良好的弹性和柔韧性，木质素含量超过 50％[93]。②先对木质素进行环氧化改性，再将其作为制备环氧树脂的原料。环氧氯丙烷改性可以在木质素中引入环氧基团，得到的树脂具有良好的黏度和机械性能，大大超过行业标准[94]。③在木质素中引入能与环氧基反应的官能团。酚羟基含量低的木质素很难发生环氧化反应，如酚羟基含量仅为 1.56％（wt）的木质素磺酸钙很难制备环氧树脂[95]。因此，需要在环氧化之前对其进行改性。Chen 等使用由氧化镍和氯化胆碱-尿素组成的低共熔溶剂（DES）来改性木质素，氧化镍可以选择性地断裂木质素的C—O键，DES与木质素之间的氢键作用也会影响木质素的结构。因此，该体系有效提高了羟基含量，改善了木质素的三维结构，从而提高木质素的反应活性[96]。

2.3.4 木质素在纳米材料中的应用

木质素是一种三维无定形聚合物，其结构和特性取决于植物种类和分离方法。从制浆造纸工业或生物质炼制工艺中大量获得的工业木质素成分复杂，异质性高。虽然改性可以改善木质素的应用性能，但大规模高值利用木质素仍具有挑战性。充分解锁木质素潜能的一种策略是将木质素转化为纳米材料，尤其是纳米颗粒（lignin-based nanoparticle，LNP）。得益于木质素结构的天然相互作用，LNPs可以通过溶剂交换法便捷制备，这些相互作用包括非共价 π—π 相互作用和氢键作用。非共价 π—π 相互作用可以理解为两个芳香环之间的相互作用力，它们本质上是相互吸引的。木质素分子在溶液中的"平盘形状"能够实现特定的自组装，促进简单的 π—π 堆积和非共价键形成。氢键作用是两个极性基团之间的吸引力，在木质素聚集体中存在分子间和分子内的氢键作用。一项利用傅里叶红外（FT-IR）分析木质素模型化合物的研究表明，脂肪族羟基形成的氢键作用比酚羟基更强[97]。

然而，由于木质素的高度异质性，LNPs的可控制备仍是一个巨大的挑战。一些研究人员认为，以较窄的木质素馏分为原料是解决这一问题的有效途径，其机制是通过控制木质素官能团种类、含量和分子量使LNPs的尺寸分布较为集中。通常木质素的疏水性越大，LNPs的尺寸越小[98]。因此，人们开发了不同的分级方法，如梯度溶剂分级、梯度酸沉淀和膜分离等，这些方法都有利于提高LNPs的均质性。LNPs可应用于多种材料，例如增强材料、药物递送载体、抗氧化剂、抗菌剂和表面活性剂等。

2.3.4.1 木质素纳米颗粒作为增强材料的应用

LNPs增强材料与不同聚合物的优异相容性引起了广泛的研究兴趣。作为共混物的基质，LNPs可以与许多合成聚合物及生物聚合物结合以改善这些聚合物的性质，合成聚合物包括聚烯烃、聚氯乙烯、聚对苯二甲酸乙二醇酯、聚碳酸酯、聚苯乙烯，生物聚合物如聚乳酸、聚己内酯、聚羟基丁酸酯、淀粉和蛋白质等。范德华力、π—π 相互作用、氢键和静电相互作用在决定共混物的结构和性能方面发挥着关键作用。LNPs通常以纳米液滴或颗粒的形式分散在基质聚合物中，木质素的分子内和分子间氢键使共混物具有良好的热稳定性和热塑性[99]。此外，LNPs 的表面可以通过各种官能团进行修饰，与聚合物基质交联形成三维网络结构，从而进一步提高共聚物在高温下的热固性[100]。该策略已被用于制备多种具有抗菌、抗氧化、抗紫外和阻燃等特殊功能的先进复合材料。

2.3.4.2 木质素纳米颗粒作为抗氧化/抗紫外剂的应用

木质素的非醚化酚羟基和甲氧基结构赋予其抗氧化和抗紫外性能，这些基团使木质素成为一种有效的自由基清除剂。纳米二氧化钛（TiO_2）作为无机抗紫外剂被广泛应用于化妆品中。然而，TiO_2 在阳光下会产生 $O_2^{\cdot-}$ 和 $OH^{\cdot}$ 自由基等有害物质，从而破坏细胞成分。为了消除这些副作用，Li 等用季铵化碱木质素对 TiO_2 进行自组装包封，既消除了 TiO_2 的光催化活性，又提高了 TiO_2 与其他有机材料的相容性[101]。

此外，木质素的紫外屏蔽特性使其成为一种天然的防晒霜。但由于其颜色较深，木质素防晒产品的推广受到阻碍。天然木质素的颜色接近白色，其发色团主要源于提取木质素所采用的工艺。Lee 等发现在温和条件下分离出的木质素可以免于着色并保留其抗紫外活性，这为木质素应用于防晒霜提供了理论基础[102]。在另一项研究中，木质素纯度约为 98% 的醋酸木质素纳米颗粒在更宽的 pH 范围（5~11）和低于 0.01 的离子强度下表现出比商业抗氧化剂更高的抗氧化活性[103]。这些纳米颗粒同样可以用于对环境无毒无害的其他化妆品中。

木质素的抗紫外线性能也可用于制备抗紫外聚合物薄膜。在 Shikinaka 等的研究中，木质素衍生物增强了聚乙烯醇基质的紫外吸收能力及机械和热性能，同时不影响其透明度[104]。由于木质素成分无毒无害，合成的聚合物薄膜有望应用于食品和药品包装，这不仅促进了木质素的高值利用，还减少了从石油资源中提取的耐热材料对环境造成的污染。

2.3.4.3 木质素纳米粒子作为表面活性剂的应用

表面活性剂由极性头部（亲水基团）和非极性尾部（疏水基团）组成。木质素具有疏水性芳香族骨架和多种亲水基团，如羟基和羧基，使其成为具有良好表面活性的天然两亲性聚合物。此外，活性氧基使木质素可以发生氧化、还原、酰化、水解、胺化等反应，从而进一步调节生物聚合物的表面活性，以制备不同的表面活性剂。木质素磺酸盐是应用最广的木质素基表面活性剂，其具有高度的亲水性和电负性，使得它们可以在水溶液中形成阴离子基团。

出于生态原因考虑，由胶体颗粒而不是小分子表面活性剂稳定的 Pickering 乳液在各个领域重新引起了人们的兴趣。在均质过程中，两亲性固体颗粒吸附在乳液液滴周围形成致密的保护膜，将油相和水相分开。此外，由带电粒子引起的液滴之间的静电斥力可以减少液滴间的碰撞和聚集，这使得 Pickering 乳液比常规乳液更加稳定[105]。随着对 Pickering 乳液研究的深入以及对环保型乳化剂的需求不断增加，越来越多的生物材料正由 Pickering 乳液制备得来。LNPs 可以被油相和水相润湿，使其能够用作固体乳化剂。经过化学修饰或物理处理，可以调节 LNPs 表面的亲疏水性，以提高其乳化性能。因此，木质素基 Pickering 乳液具有灵活性高、成本低、无毒、易再生等优点，可以作为药物的控释和精准递送的胶囊系统。另外，Pickering 乳液可以看作是微反应器，不仅可以实现产物与底物的分离，还可以大大增加油水相的界面面积，从而加速酶或化学催化剂所促进的反应。

2.3.4.4　木质素纳米粒子作为抗菌剂的应用

木质素的抗菌活性与酚羟基和甲氧基的存在有关。木质素对细菌的作用机制尚未完全阐明。一些研究人员将酚类化合物的抗菌活性归因于它们能产生过氧化氢并与金属离子络合，从而抑制细菌生长的必需酶[106]。研究还发现，酚羟基会促进细胞周围 pH 降低，从而使细胞膜不稳定，最终导致细胞破裂[107]。LNPs 的表面积较大，能增加多酚与微生物的接触面积，大大提高了抗菌效果。银离子是最常用的抗菌剂之一，汞、镉和铅等金属也具有抗菌活性，但对人体有害。而且，这些金属离子的回收非常困难，最终会对生态系统产生负面影响，因此它们的应用非常有限。一些研究人员开发了木质素基银纳米复合材料，在增强抗菌效果的同时减少了银离子的用量。例如，Li 等在由 LNPs 稳定的 Pickering 乳液中制备得到银/木质素微胶囊，这些微胶囊包封率高、耐热性好、抗菌活性强，在纺织、生物医学、建筑工业等领域显示出巨大的应用前景[108]。Shankar 和 Rhim 使用木质素作为还原剂来合成银纳米颗粒，并将其掺入琼脂基薄膜中。木质素的添加提高了复合膜对大肠杆菌和李斯特菌的抗菌活性，这在食品包装中具有很高的应用潜力，可以保证食品安全，延长包装食品的保质期[109]。

LNPs 还可以作为药物递送系统在医药或农药领域应用。通过包封、截留、吸附、络合或静电吸引等方式，亲水性和疏水性物质都可以很好地负载到木质素材料中。关于木质素在农药递送系统中的应用将在本书第 5 章中详细介绍。

2.3.5 木质素在电池中的应用

在过去的十年中，人们越来越关注利用纤维素、甲壳素和木质素等天然聚合物开发高效储能装置。特别是木质素因其无毒的芳香族结构而受到广泛关注，这不仅能提高储能装置的性能，而且可以降低其成本和毒性。锂离子电池 (lithium ion battery, LIB) 具有能量密度高、开路电压高、自放电小、循环寿命长、安全性高等优点，被认为是最实用的储能装置之一，已被广泛应用于便携式电子产品、智能手机、笔记本电脑、航空航天、新能源汽车等领域。典型的 LIB 包含阴极、电解质和阳极。目前，用于 LIB 组件的材料存在不可再生、高毒性和高成本等问题，因此，利用廉价、环保的生物材料开发高质量、高安全性的 LIBs 前景广阔。研究人员已在这方面开展了大量的工作。研究表明，木质素可用于电池的负极、隔膜、黏合剂和负极添加剂。下面将详细介绍。

2.3.5.1 木质素在锂离子电池负极中的应用

木质素具有丰富的芳香结构，可以通过热解反应，高产率地（50％以上，wt）生成具有特殊形态的碳材料[110]，因此被认为是一种有前途的可再生碳前体。木质素制备的层状多孔碳在 LIB 负极领域得到了广泛的研究，然而，由于其石墨化程度低，木质素衍生的碳作为 LIB 负极仍然是一个巨大的挑战。Xi 等利用酶解木质素（EHL）通过 K_2CO_3 活化制备了高度石墨化的木质素基多孔碳（PLC-EHL-K_2CO_3），该多孔碳由多层结构组成，具有高比表面积和大孔径。与普通 KOH 活化相比，PLC-EHL-K_2CO_3 的石墨化程度显著提高[111]。木质素微球也可用于制备电极材料。Fan 等在酸性条件下采用水热法成功合成了形貌规则、分散性好、粒径均匀的木质素基碳微球（lignin-based carbon microsphere，LNCS），LNCS 可直接通过碳化制备，无须预氧化。电化学测试结果表明，在 900℃下碳化的 LNCS 作为 LIB 负极表现出最高的比容量（20mA/g 时为 180.6mA·h/g），循环 100 次后容量保持率为 98％。高性能柔性负极的开发已成为新一代 LIBs 的技术要求[112]。Ma 等使用木质素和聚乙烯醇制成静电纺丝，然后在空气中稳定并在氩气中碳化。用 Fe_2O_3 纳米颗粒表面功能化后，得到柔性电纺碳纳米纤维（ECNF）/Fe_2O_3 纳米结构，作为电极表现出增强的锂化/脱锂性能[113]。将木质素与 Si、MnO$_2$、ZnO 等其他元素混合制备复合材料也是提高木质素基电极性能的有效途径。值得注意的是，这些具有锂存储特性的纳米颗粒需要均匀负载到木质素或其衍生的多孔碳骨架上，以增加它们的相容性。Liu 等采用基于静电引力的简易共沉淀法制备了高容量的 LIB 硅/碳（Si/C）负极材料，再进行热退火处理，所制备的 Si/C 复合材料具有先进的材料结构，碳基体中嵌入微米级的二次粒子和硅纳米粒子，可以解决硅材料固有的低导电性和在锂/脱硅过程中体积变化大等问题[114]。木质素除了与碳微球和碳纤维复合或衍生，还可以与碳纳米管复合。已有研究证明，碳纳米管结构作为锂离子电池的负极材料时，电池可以表现出高可逆锂存储容量、高库仑效率和稳定的循环性能[115]。

2.3.5.2　木质素作为聚合物电解质或隔膜在锂离子电池中的应用

在 LIB 中使用隔离液体电解质会导致一些严重的问题，包括火焰、泄漏和爆炸。随后，凝胶聚合物电解质（gel polymer electrolyte，GPE）和聚合物电解质被开发出来用作替代电解质。特别是 GPE，它在电绝缘正负电极以防止电气短路方面发挥着重要作用，同时还允许离子电荷载流子快速转移[116]。迄今为止，各种聚合物如聚环氧乙烷、聚甲基丙烯酸甲酯、聚偏二氟乙烯、聚乙烯吡咯烷酮和聚乙酸乙烯酯，已被用作 GPE 中的主要聚合物基质。然而，尽管基于这些聚合物的 GPE 具有良好的性能，但它们在自然条件下不易降解。木质素作为一种高分子聚合物，具有取代上述环境不友好聚合物的潜力。Gong 等仅使用木质素、液体电解质和蒸馏水即轻松地制造出基于木质素的电解质膜，此电解液的吸收率高达 230%（wt）。在 100℃内，GPE 不会失重且热稳定；在室温下，锂离子迁移数很高且表现出电化学稳定性和循环容量较高的电池性能[116]。所有这些优异的特性表明木质素在 LIB 的 GPE 中具有潜在的应用前景。

隔膜是锂离子电池的重要组成部分，用于阳极和阴极之间的电绝缘，同时为锂离子的转移提供了微通道。目前最常用的隔膜产品是聚烯烃隔膜，如聚乙烯隔膜和聚丙烯隔膜，其性能良好，但阻燃性和界面润湿性较差。纤维素基隔膜因优异的润湿性、低成本、绿色可持续性和杰出的改性潜力而著称，但缺点是机械强度不足[117]。在 Xie 等的研究中引入了木质素颗粒来优化纤维素隔膜，实验结果证实了木质素的添加对于提高隔膜的机械性能和保持良好的电化学性具有积极作用。分子模拟成功揭示了纤维素隔膜在电解质中的弱化是由于纤维素非晶区的变形，而木质素的促进机理在于纤维素与木质素分子之间形成了新的氢键[118]。

2.3.5.3 木质素作为锂离子电池黏合剂的应用

氟化聚合物是 LIBs 最常用的黏合剂，其降解能力较差，容易与锂金属反应形成稳定的氟化锂和双键（C=CF—），导致电池的循环性较差[119]。无氟且环境友好的生物质基黏合剂被认为是一种有前途的替代品。通过将聚丙烯酸酯接枝到木质素制备的黏合剂具有比羧甲基纤维素更好的电化学性能。使用此黏合剂的电极在 840mA/g 的恒定电流密度下，循环 100 次后依然有 1 914mA·h/g 的容量，优于羧甲基纤维素黏合剂（1 544mA·h/g）的性能[120]。此外，木质素基黏合剂能够很好地适应硅负极不可避免的体积变化，更适合实际应用。

2.3.5.4 木质素作为锂离子电池添加剂的应用

导电添加剂在 LIB 电极材料中具有广泛的功能，例如，它们可以吸收和保留电解质溶液，并使锂离子与电极活性物质保持紧密接触，以及在充电和放电循环过程中保持电子电导。大量含氧基团如羟基、羰基和醚键，使木质素对锂离子表现出很强的电活性氧化还原性能，这与电池的比容量直接相关[119]。因此，木质素可以作为正极材料中的导电添加剂。Xiong 等将木质素/硅石纳米复合材料引入可再充电混合式水相的 $Zn/LiMn_2O_4$ 电池中作为正极添加剂，经过 300 次 100% 深度放电循环后，仍可获得高达 95mA·h/g 的放电容量，拥有比商业电池更高的倍率性能和更好的循环性能[121]。

除了本章中总结的上述应用外，一些研究也开始探索将木质素用作 3D 打印材料的原料，旨在减少对传统石油基材料的依赖。目前的研究表明，木质素可增强 3D 打印材料的性能，但很难将木质素单独作为原料。为了实现全面替代，需要进一步调整木质素结构以满足 3D 打印的要求。文献计量分析还表明，近五年来有关木质素水凝胶的文献急剧增加。作为一种新型材料，木质素水凝胶有望在生物医学、环境、电子和其他领域取代传统合成材料。

总而言之，将木质素转化为先进材料引起了学术界和工业界越来越多的兴趣。目前的研究已取得了重大进展，越来越多的高价值木质素基产品被生产出来。为进一步释放木质素的潜力，还需要考虑以下问题：①应开发新型提取技术，进一步促进目标特性。木质素的提取还应充分考虑纤维素和半纤维素的合理利用，离子液体和低共熔溶剂等绿色溶剂可能在这方面发挥重要作用。②为了生产可靠的最终产品，有必要对高度异质的木质素进行选择性修饰或功能化，形成明确的结构。在这方面，必须找到不使用有害和昂贵试剂的高效绿色策略。结构良好的木质素通常具有较高的销售价值，因此木质素改性可被视为一种有效的增值工艺。③理解木质素基材料的结构—功能关系，并建立预测模型。这是一项亟待完成的挑战。传统的试错方法效率低下，量子化学和大数据辅助的计算建模可能在未来发挥更重要的作用。此外，将木质素转化为高价值产品应充分利用其固有特性，同时与其他功能成分（如 DNA、蛋白质等生物分子）的合理组合可以形成具有更先进性能的产品。综上所述，鉴于木质素的利用现状及其独特性，木质素向增值材料的转化将是一个更有活力的领域。

参 考 文 献

[1] Antar M, Lyu D, Nazari M, et al. Biomass for a sustainable bioeconomy: An overview of world biomass production and utilization. Renewable and Sustainable Energy Reviews, 2021, 139: 110691.

[2] 刘丽莉，张仲欣. 秸秆综合利用技术. 北京：化学工业出版社，2018.

[3] G G, S K, R Y K, et al. Valorization of agricultural residues: Different bio refinery routes. J Environ Chem Eng, 2021, 9 (4): 105435.

[4] Ravindran R, Jaiswal A K. A comprehensive review on pre-treatment strategy for lignocellulosic food industry waste: Challenges and opportunities. Bioresour Technol, 2015, 199: 92 - 102.

[5] French A D. Glucose, not cellobiose, is the repeating unit of cellulose and why that is important. Cellulose, 2017, 24 (1): 4605 - 4609.

[6] Watanabe Y, Meents M J, Mcdonnell L M, et al. Visualization of cellulose synthases in Arabidopsis secondary cell walls. Science, 2015, 350 (6257): 198 - 203.

[7] Khan A W, Colvin J R. Synthesis of bacterial cellulose from labeled precursor. Science, 1961, 133 (3469): 2014 - 2015.

[8] Ross I L, Shah S, Hankamer B, et al. Microalgal nanocellulose-opportunities for a circular bioeconomy. Trends Plant Sci, 2021, 26 (9): 924 - 939.

[9] Richmond T. Higher plant cellulose synthases. Genome Biol, 2001, 1 (4): reviews 3001. 1.

[10] Pedersen G B, Blaschek L, Frandsen K E H, et al. Cellulose synthesis in land plants. Mol Plant, 2022, 16 (1): 206 - 231.

[11] Fujita M, Himmelspach R, Hocart C H, et al. Cortical microtubules optimize cell-wall

crystallinity to drive unidirectional growth in Arabidopsis. The Plant Journal，2011，66 (6)：915 - 928.

[12] Mcfarlane H E，Döring A，Persson S. The cell biology of cellulose synthesis. Annu Rev Plant Biol，2014，65：69 - 94.

[13] 凌喆. 纤维素预处理及纳米晶体制备过程中聚集态结构变化研究. 北京：北京林业大学，2019.

[14] Qi S，Wenjun X，Yue Q. Effects of nitric acid and sulfuric acid on the thermal behavior of nitrocellulose by slow heating experiments. Cellulose，2022，29：5991 - 6008.

[15] Mühlethaler K. An electron microscopic study of the structure of viscose silk. Cell Mol Life Sci，1950，6：226 - 228.

[16] Ghasemi M，Tsianou M，Alexandridis P. Assessment of solvents for cellulose dissolution. Bioresour Technol，2017，228：330 - 338.

[17] Pinnow M，Fink H P，Fanter C，et al. Characterization of highly porous materials from cellulose carbamate. Macromol Symp，2008，262 (1)：129 - 139.

[18] He C，Wang Q. Viscometric study of cellulose in pf/dmso solution. Journal of Macromolecular Science，Part A，1999，36 (1)：105 - 114.

[19] Holding A J，Parviainen A，Kilpeläinen I，et al. Efficiency of hydrophobic phosphonium ionic liquids and DMSO as recyclable cellulose dissolution and regeneration media. RSC Adv，2017，7：17451 - 17461.

[20] Huang X，Zhu J，Korányi T I，et al. Effective release of lignin fragments from lignocellulose by lewis acid metal triflates in the lignin-first approach. ChemSusChem，2016，9 (23)：3262 - 3267.

[21] Wang J，Xue Z，Yan C，et al. Fine regulation of cellulose dissolution and regeneration by low pressure CO_2 in DMSO/organic base：dissolution behavior and mechanism. PCCP，2016，18：32772 - 32779.

[22] Schefer W. The Cadoxen swelling test for the evaluation of cross-linking of cotton. Text Res J，1971，41 (11)：927 - 931.

[23] Lindsley C H. Rapid dispersion of cellulose in cupriethylenediamine. Text Res J，1951，21 (5)：286 - 287.

[24] Sayyed A J，Mohite L V，Deshmukh N A，et al. Structural characterization of cellulose pulp in aqueous NMMO solution under the process conditions of Lyocell slurry. Carbohydr Polym，2018，206：220 - 228.

[25] Seymour R B，Johnson E L. The effect of solution variables on the solution of cellulose in dimethyl sulfoxide. J Appl Polym Sci，1976，20 (12)：3425 - 3429.

[26] Zhang X, Liu X, Zheng W, et al. Regenerated cellulose/graphene nanocomposite films prepared in DMAC/LiCl solution. Carbohydr Polym, 2012, 88 (1): 26-30.

[27] Sharma G, Takahashi K, Kuroda K. Polar zwitterion/saccharide-based deep eutectic solvents for cellulose processing. Carbohydr Polym, 2021, 267: 118171.

[28] Swatloski R P, Spear S K, Hobrey J D, et al. Dissolution of cellulose with ionic liquids. Green Chem, 2002, 124: 4947-4975.

[29] Smith E L, Abbott A P, Ryder K S. Deep eutectic solvents (DESs) and their applications. Chem Rev, 2014, 114 (21): 11060-11082.

[30] Abbott, A P, Capper, et al. Preparation of novel, moisture-stable, lewis-acidic ionic liquids containing quaternary ammonium salts with functional side chains. Chem Commun, 2001: 2010-2011.

[31] Germani R, Orlandini M, Tiecco M, et al. Novel low viscous, green and amphiphilic N-oxides/phenylacetic acid based deep eutectic solvents. J Mol Liq, 2017, 240: 233-239.

[32] Cai J, Zhang L. Rapid dissolution of cellulose in LiOH/urea and NaOH/urea aqueous solutions. Macromol Biosci, 2005, 5 (6): 539-548.

[33] Lue A, Zhang L, Ruan D. Inclusion complex formation of cellulose in NaOH-Thiourea aqueous system at low temperature. Macromol Chem Phys, 2007, 208 (21): 2359-2366.

[34] Li X, Liu Y, Yu Y, et al. Nanoformulations of quercetin and cellulose nanofibers as healthcare supplements with sustained antioxidant activity. Carbohydr Polym, 2018, 207: 160-168.

[35] Sun L, Chen W, Liu Y, et al. Soy protein isolate/cellulose nanofiber complex gels as fat substitutes: rheological and textural properties and extent of cream imitation. Cellulose, 2015, 22: 2619-2627.

[36] Deloid G M, Sohal I S, Lorente L R, et al. Reducing intestinal digestion and absorption of fat using a nature-derived biopolymer: interference of triglyceride hydrolysis by nanocellulose. ACS Nano, 2018, 12: 6469-6479.

[37] Chen L-H, Doyle P S. Design and Use of a Thermogelling methylcellulose nanoemulsion to formulate nanocrystalline oral dosage forms. Adv Mater, 2021, 33: e2008618.

[38] Wanke C, Ying Z, Geyuan J, et al. Sustainable cellulose and its derivatives for promising biomedical applications. Prog Mater Sci, 2023, 138: 101152.

[39] Yang J, Wang L, Zhang W, et al. Reverse reconstruction and bioprinting of bacterial cellulose-based functional total intervertebral disc for therapeutic implantation. Small,

2017，14（7）：1702582.

[40] Maharjan B，Park J，Kaliannagounder V K，et al. Regenerated cellulose nanofiber reinforced chitosan hydrogel scaffolds for bone tissue engineering. Carbohydr Polym，2020，251：117023.

[41] Fooladi S，Nematollahi M H，Rabiee N，et al. Bacterial cellulose-based materials：a perspective on cardiovascular tissue engineering applications. ACS Biomater Sci Eng，2023，9：2949-2969.

[42] Pei Z，Yu Z，Li M，et al. Self-healing and toughness cellulose nanocrystals nanocomposite hydrogels for strain-sensitive wearable flexible sensor. Int J Biol Macromol，2021，179：324-332.

[43] Abdul Khalil H P S，Davoudpour Y，Saurabh C K，et al. A review on nanocellulosic fibres as new material for sustainable packaging：Process and applications. Renewable Sustainable Energy Rev，2016，64：823-836.

[44] Du X，Zhang Z，Liu W，et al. Nanocellulose-based conductive materials and their emerging applications in energy devices-A review. Nano Energy，2017，35：299-320.

[45] Jun R，Ziwen L，Gegu C，et al. Hemicellulose：Structure, chemical modification, and application. Prog Polym Sci，2023，140：101675.

[46] Berglund J，Mikkelsen D，Flanagan B M，et al. Wood hemicelluloses exert distinct biomechanical contributions to cellulose fibrillar networks. Nat Commun，2020，11：4692.

[47] 胡愈诚，朱宇童，车睿敏，等. 纤维素、半纤维素与木质素间相互作用研究进展. 中国造纸，2023，42（10）：25-32.

[48] 项舟洋，金旭宸. 半纤维素的结晶过程对其成膜性能的影响. 中国化学会第一届全国纤维素学术研讨会，2019.

[49] He Y，Liu Y，Zhang M. Hemicellulose and unlocking potential for sustainable applications in biomedical, packaging, and material sciences：a narrative review. International Journal of Biological Macromolecules，2024，280（P2）：135657.

[50] Nabila A E S，Samira F E K. Graft copolymerization of acrylonitrile onto hemicellulose using ceric ammonium nitrate. J Appl Polym Sci，1985，30（5）：2171-2178.

[51] Gupta，Bhuvanesh，Plummer，et al. Plasma-induced graft polymerization of acrylic acid onto poly（ethylene terephthalate）films：characterization and human smooth muscle cell growth on grafted films. Biomaterials，2002，23（3）：863-871.

[52] Wu J，Wei Y，Lin J，et al. Study on starch-graft-acrylamide/mineral powder superabsorbent composite. Polymer，2003，44（21）：6513-6520.

［53］Hong Z，Qiu X，Sun J，et al. Grafting polymerization of l-lactide on the surface of hydroxyapatite nano-crystals. Polymer，2004，45（19）：6699－6706.

［54］许桂彬. 木聚糖接枝共聚及其对纸张性能的提升. 广州：华南理工大学，2019.

［55］许成功，崔金龙，陈志伟，等. 热水预水解提取半纤维素及其还原糖的研究进展. 生物质化学工程，2019，53（3）：59－66.

［56］李攀锋，乌日娜. 半纤维素的提取及其在膜和水凝胶中的应用研究进展. 天津造纸，2022，44（3）：1－7.

［57］Kim C H，Lee J，Treasure T，et al. Alkaline extraction and characterization of residual hemicellulose in dissolving pulp. Cellulose，2019，26：1323－1333.

［58］Li J，Liu Z，Feng C，et al. Green，efficient extraction of bamboo hemicellulose using freeze-thaw assisted alkali treatment. Bioresour Technol，2021，333：125107.

［59］Li J，Liu Y，Duan C，et al. Mechanical pretreatment improving hemicelluloses removal from cellulosic fibers during cold caustic extraction. Bioresour Technol，2015，192：501－506.

［60］侯昕彤，李再兴，姚宗路，等. 深度共熔溶剂预处理木质纤维素研究进展. 科学通报，2022，67（23）：2736－2748.

［61］林姐. 离子液体法提取毛竹竹笋和一月龄幼竹半纤维素及其结构分析. 南昌：南昌大学，2012.

［62］Lu Y，He Q，Fan G，et al. Extraction and modification of hemicellulose from lignocellulosic biomass：A review. Green Process Synth，2021，10（1）：779－804.

［63］黄瑾. 水热-碱处理棉秆半纤维素溶出规律与结构差异研究. 广州：华南理工大学，2021.

［64］裴芳霞，李志忠，任海伟，等. 响应面优化超声波辅助碱法提取酒糟中半纤维素 A. 粮油加工（电子版），2015（9）：54－56，61.

［65］Zhang T，Li W，Xiao H，et al. Recent progress in direct production of furfural from lignocellulosic residues and hemicellulose. Bioresour Technol，2022，354：127126.

［66］Ur-Rehman S，Mushtaq Z，Zahoor T，et al. Xylitol：a review on bioproduction，application，health benefits，and related safety issues. Crit Rev Food Sci Nutr，2014，55（11）：1514－1528.

［67］Bianchini I D A，Jofre F M，Queiroz S D S，et al. Relation of xylitol formation and lignocellulose degradation in yeast. Appl Microbiol Biotechnol，2023，107：3143－3151.

［68］Brar K K，Kaur S，Chadha B S. A novel staggered hybrid SSF approach for efficient conversion of cellulose/hemicellulosic fractions of corncob into ethanol. Renewable Energy，

2016，98：16－22.

[69] 马崇敬，徐丹丹，赵晓龙，等．天然木质纤维中五碳糖转化技术．科技创新导报，2014，11（18）：44.

[70] Gírio F M，Fonseca C，Carvalheiro F，et al. Hemicelluloses for fuel ethanol：A review. Bioresour Technol，2010，101（13）：4775－4800.

[71] Adler E. Lignin chemistry—past，present and future. Wood science and technology，1977，11（3）：169－218.

[72] Benedikt R，Bamberger M. Über eine quantitative Reaction des Lignins. Monatshefte für Chemie and verwandte Teile anderer Wissenschaften，1890，11（1）：260－267.

[73] Laurichesse S，Avérous L. Chemical modification of lignins：Towards biobased polymers. Prog Polym Sci，2014，39（7）：1266－1290.

[74] Freudenberg K，Chen C L，Harkin J M，et al. Observation on lignin. Chemical Communications（London），1965（11）：224－225.

[75] 宋国勇．"木质素优先"策略下林木生物质组分催化分离与转化研究进展．林业工程学报，2019，4（5）：1－10.

[76] Wang H，Pu Y，Ragauskas A，et al. From lignin to valuable products-strategies，challenges，and prospects. Bioresour Technol，2019，271：449－461.

[77] Li C，Zhao X，Wang A，et al. Catalytic transformation of lignin for the production of chemicals and fuels. Chem Rev，2015，115（21）：11559－11624.

[78] Sun Z，Fridrich B，De Santi A，et al. Bright side of lignin depolymerization：Toward new platform chemicals. Chem Rev，2018，118（2）：614－678.

[79] Chen F，Tobimatsu Y，Havkin-Frenkel D，et al. A polymer of caffeyl alcohol in plant seeds. Proc Natl Acad Sci，2012，109（5）：1772－1777.

[80] Gellerstedt G，Gustafsson K. Structural changes in lignin during kraft cooking. part 5. analysis of dissolved lignin by oxidative degradation. Journal of Wood Chemistry and Technology，1987，7（1）：65－80.

[81] Qiu X，Kong Q，Zhou M，et al. Aggregation behavior of sodium lignosulfonate in water solution. The Journal of Physical Chemistry B，2010，114（48）：15857－15861.

[82] Chakar F S，Ragauskas A J. Review of current and future softwood kraft lignin process chemistry. Ind Crop Prod，2004，20（2）：131－141.

[83] Hu Z，Yeh T-F，Chang H-m，et al. Elucidation of the structure of cellulolytic enzyme lignin. Holzforschung，2006，60（4）：389－397.

[84] Wang S，Liu W，Yang D，et al. Highly resilient lignin-containing polyurethane foam. Ind Eng Chem Res，2019，58（1）：496－504.

[85] Nacas A M, Ito N M, Sousa R R D, et al. Effects of NCO: OH ratio on the mechanical properties and chemical structure of Kraft lignin-based polyurethane adhesive. The Journal of Adhesion, 2017, 93 (1 - 2): 18 - 29.

[86] Cui G, Fan H, Xia W, et al. Simultaneous enhancement in strength and elongation of waterborne polyurethane and role of star-like network with lignin core. J Appl Polym Sci, 2008, 109 (1): 56 - 63.

[87] Vithanage A E, Chowdhury E, Alejo L D, et al. Renewably sourced phenolic resins from lignin bio-oil. J Appl Polym Sci, 2017, 134 (19): 44827.

[88] Pinheiro F G C, Soares A K L, Santaella S T, et al. Optimization of the acetosolv extraction of lignin from sugarcane bagasse for phenolic resin production. Ind Crops Prod, 2017, 96: 80 - 90.

[89] Chen Y, Gong X, Yang G, et al. Preparation and characterization of a nanolignin phenol formaldehyde resin by replacing phenol partially with lignin nanoparticles. RSC Adv, 2019, 9 (50): 29255 - 29262.

[90] Gao C, Li M, Zhu C, et al. One-pot depolymerization, demethylation and phenolation of lignin catalyzed by HBr under microwave irradiation for phenolic foam preparation. Composites Part B: Engineering, 2021, 205: 108530.

[91] Cheng S, Yuan Z, Leitch M, et al. Highly efficient de-polymerization of organosolv lignin using a catalytic hydrothermal process and production of phenolic resins/adhesives with the depolymerized lignin as a substitute for phenol at a high substitution ratio. Ind Crops Prod, 2013, 44: 315 - 322.

[92] Zhang N, Hu L, Guo Y, et al. Mechanical property of lignin-modified phenolic foam enhanced by whisker silicon. Journal of Dispersion Science and Technology, 2020, 41 (3): 348 - 354.

[93] Ono K, Tanaike O, Ishii R, et al. Solvent-free fabrication of an elastomeric epoxy resin using glycol lignin from japanese cedar. ACS Omega, 2019, 4 (17): 17251 - 17256.

[94] Zhang Y, Pang H, Wei D, et al. Preparation and characterization of chemical grouting derived from lignin epoxy resin. Eur Polym J, 2019, 118: 290 - 305.

[95] Zhao B, Chen G, Liu Y, et al. Synthesis of lignin base epoxy resin and its characterization. Journal of Materials Science Letters, 2001, 20 (9): 859 - 862.

[96] Chen M, Sun Q, Wang Y, et al. Effect of DES-NiO system on modified lignin and synthesis of lignin-based epoxy resin. Journal of Biobased Materials and Bioenergy, 2019, 13 (3): 317 - 328.

[97] Kubo S, Kadla J F. Hydrogen bonding in lignin: a fourier transform infrared model compound study. Biomacromolecules, 2005, 6 (5): 2815 - 2821.

[98] Ma M, Dai L, Xu J, et al. A simple and effective approach to fabricate lignin nanoparticles with tunable sizes based on lignin fractionation. Green Chem, 2020, 22 (6): 2011 - 2017.

[99] Huang J, Liu W, Qiu X. High performance thermoplastic elastomers with biomass lignin as plastic phase. ACS Sustain Chem Eng, 2019, 7 (7): 6550 - 6560.

[100] Gioia C, Lo Re G, Lawoko M, et al. Tunable thermosetting epoxies based on fractionated and well-characterized lignins. J Am Chem Soc, 2018, 140 (11): 4054 - 4061.

[101] Li Y, Yang D, Lu S, et al. Encapsulating TiO_2 in lignin-based colloidal spheres for high sunscreen performance and weak photocatalytic activity. ACS Sustain Chem Eng, 2019, 7 (6): 6234 - 6242.

[102] Lee S C, Tran T M T, Choi J W, et al. Lignin for white natural sunscreens. Int J Biol Macromol, 2019, 122: 549 - 554.

[103] Trevisan H, Rezende C A. Pure, stable and highly antioxidant lignin nanoparticles from elephant grass. Ind Crops Prod, 2020, 145: 112105.

[104] Shikinaka K, Nakamura M, Otsuka Y. Strong UV absorption by nanoparticulated lignin in polymer films with reinforcement of mechanical properties. Polymer, 2020, 190: 122254.

[105] Sabri F, Berthomier K, Wang C S, et al. Tuning particle-particle interactions to control pickering emulsions constituents separation. Green Chem, 2019, 21 (5): 1065 - 1074.

[106] Wang G, Xia Y, Liang B, et al. Successive ethanol-water fractionation of enzymatic hydrolysis lignin to concentrate its antimicrobial activity. Journal of Chemical Technology & Biotechnology, 2018, 93 (10): 2977 - 2987.

[107] Arakawa H, Maeda M, Okubo S, et al. Role of hydrogen peroxide in bactericidal action of catechin. Biological and Pharmaceutical Bulletin, 2004, 27 (3): 277 - 281.

[108] Li X, Wang Y, Wang B, et al. Antibacterial phase change microcapsules obtained with lignin as the Pickering stabilizer and the reducing agent for silver. Int J Biol Macromol, 2020, 144: 624 - 631.

[109] Shankar S, Rhim J W. Preparation and characterization of agar/lignin/silver nanoparticles composite films with ultraviolet light barrier and antibacterial properties. Food Hydrocolloids, 2017, 71: 76 - 84.

［110］ Suhas，Carrott P J M，Ribeiro Carrott M M L. Lignin-from natural adsorbent to acti-vated carbon: a review. Bioresour Technol，2007，98（12）：2301 – 2312.

［111］ Xi Y，Wang Y，Yang D，et al. K₂CO₃ activation enhancing the graphitization of por-ous lignin carbon derived from enzymatic hydrolysis lignin for high performance lithi-um-ion storage. Journal of Alloys and Compounds，2019，785：706 – 714.

［112］ Fan L，Fan L，Yu T，et al. Hydrothermal synthesis of lignin-based carbon micro-spheres as anode material for lithium-ion batteries. International Journal of Electro-chemical Science，2020，15（2）：1035 – 1043.

［113］ Ma X，Smirnova A L，Fong H. Flexible lignin-derived carbon nanofiber substrates functionalized with iron（Ⅲ）oxide nanoparticles as lithium-ion battery an-odes. Materials Science and Engineering: B，2019，241：100 – 104.

［114］ Liu W，Liu J，Zhu M，et al. Recycling of lignin and Si waste for advanced Si/C bat-tery anodes. ACS Appl Mater Interfaces，2020，12（51）：57055 – 57063.

［115］ Xi Y，Huang S，Yang D，et al. Hierarchical porous carbon derived from the gas-exfo-liation activation of lignin for high-energy lithium-ion batteries. Green Chem，2020，22（13）：4321 – 4330.

［116］ Gong S D，Huang Y，Cao H J，et al. A green and environment-friendly gel polymer electrolyte with higher performances based on the natural matrix of lignin. Journal of Power Sources，2016，307：624 – 633.

［117］ Wang Y，Liu X，Sheng J，et al. Nanoporous regenerated cellulose separator for high-performance lithium ion batteries prepared by nonsolvent-induced phase separa-tion. ACS Sustain Chem Eng，2021，9（44）：14756 – 14765.

［118］ Xie W，Dang Y，Wu L，et al. Experimental and molecular simulating study on pro-moting electrolyte-immersed mechanical properties of cellulose/lignin separator for lith-ium-ion battery. Polymer Testing，2020，90：106773.

［119］ Zhu J，Yan C，Zhang X，et al. A sustainable platform of lignin: From bioresources to materials and their applications in rechargeable batteries and supercapaci-tors. Progress in Energy and Combustion Science，2020，76：100788.

［120］ Luo C，Du L，Wu W，et al. Novel lignin-derived water-soluble binder for micro silicon an-ode in lithium-ion batteries. ACS Sustain Chem Eng，2018，6（10）：12621 – 12629.

［121］ Xiong W，Yang D，Zhi J，et al. Improved performance of the rechargeable hybrid aqueous battery at near full state-of-charge. Electrochimica Acta，2018，271：481 – 489.

第3章 秸秆生物质预处理的研究进展

随着全球人口的不断增长，人类对化石燃料的依赖程度也在逐渐增加。根据联合国的预测，到 2030 年，世界人口可能达到 85 亿，到 2050 年将增至 97 亿。这将导致人类对粮食和能源的需求相应增加，可能会导致不可再生能源的逐渐枯竭等问题。同时，化石燃料造成的环境污染和能源短缺也日趋严重，因此必须向可持续能源及其增值平台化学品方向发展。循环生物经济是解决全球环境和粮食安全挑战的一种有效方式。生物质资源是一种取之不尽、用之不竭的清洁能源，可以转化为各种不同平台的化学分子和生物燃料，被认为是解决能源危机的战略之一。木质纤维素生物质通常由农业残留物（如水稻秸秆、玉米秸秆、小麦秸秆、水稻壳、甘蔗渣、棉秸秆和其他植物残留物）、森林残留物（木材）、工业残留物（纸浆和造纸加工废料）和能源作物（柳枝稷）组成。一般而言，秸秆生物质属于农业残留物，具有丰富、廉价、清洁、安全、碳中性、可再生、可持续等特点。它可以克服由化石燃料消耗引起的温室气体排放和环境污染等主要缺点，并缓解能源与粮食应用的矛盾，是替代传统化石能源的最佳选择。大部分秸秆生物质可以转化为多种形式的高价值化学品，以减少环境问题，推动循环经济和社会的可持续发展[1]。

每年全球会产生大量的秸秆，仅在中国每年就产生约 10 亿 t 秸秆生物质[2]。秸秆的产量以每年 1.4% 的速度增长[3]。中国有约 81.48% 的农作物秸秆可供利用。2016 年，有研究报告称，只有将现有能源、空间、原材料利用等方面的环境效率提高至少 20 倍，才有可能在 2040 年实现可持续发展[4]。目前，大部分秸秆生物质被直接焚烧、废弃或未被使用，引发了环境污染和资源浪费等问题。秸秆生物质富含碳水化合物，主要由纤维素、半纤维素和木质素三大组分相互交联形成天然的顽固结构，限制了其广泛应用。因此，合适的预处理方法是高效转化和利用秸秆生物质的先决条件和关键步骤，有效的预处理方法可以提高秸秆生物质的利用效率并降低成本，从而实现能源和环境效益。

针对不同类型的秸秆，设计合适的预处理方法至关重要且紧迫。基于此，本章节总结了秸秆生物质预处理的不同方法，包括化学法、物理法和生物法等（图3-1），讨论了不同预处理方法的优缺点，并对未来秸秆生物质预处理的发展提出了一些建议。

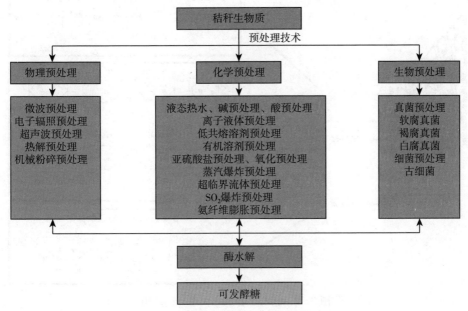

图 3-1 秸秆生物质预处理的不同方法

3.1 秸秆生物质的组成

秸秆生物质主要由 40%～50% 纤维素、25%～30% 半纤维素和 15%～20% 木质素三大组分通过醚键、酯键和氢键相互连接形成了复杂的网络结构。纤维素被木质素和半纤维素形成的物理屏障所保护，难以直接被微生物或酶降解，增加了其高效转化利用的难度[5]。如图 3-2 所示，纤维素由葡萄糖单体通过 β-1,4-糖苷键相互连接而成，而半纤维素主要由木聚糖和葡甘露聚糖组成。木质素是由苯丙烷单元相互交联而成的芳香族聚合物，其中包括对羟基苯基（H）、愈创木酚（G）和丁香基（S），它们通过碳碳键（β-β、β-5、β-1 和 5-5'）和醚键（β-O-4'、α-O-4' 和 5-O-4'）相互连接。由于木质纤维素的天然顽固结构，再加上纤维素的高结晶度和疏水特性，溶剂与复杂的木质纤维素的相互作用较差，导致秸秆三大组分的有效分离和转化利用变得非常困难。因此，选择合适的预处理方法在应对秸秆生物质高效解构和利用等挑战方面起着关键的作用，被认为是秸秆生物质精炼过程中最重要的关键步骤。

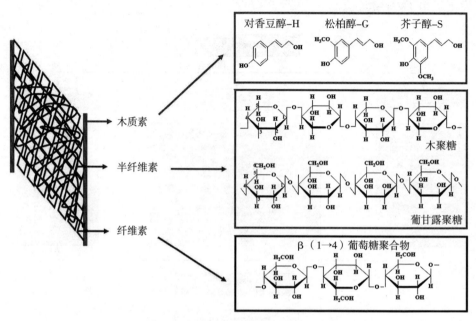

图 3-2　秸秆生物质三大组分的结构

秸秆生物质中的半纤维素、纤维素和木质素三大组分的结构不同，这三大组分之间任何组分的转化都可能影响其他组分的有效降解和转化利用。因此，针对不同的秸秆生物质，需要采用合适的预处理方法来去除或溶解半纤维素和木质素，从而提高纤维素的可及性和酶水解效率[5]。不同的秸秆材料表现出复杂性、异质性等多种特征。如表 3-1 所示，不同的秸秆生物质原料中三大组分的含量各不相同，因此，针对不同的秸秆生物质需要量身定制其预处理方法。

表 3-1　不同秸秆生物质原料中三大组分的含量（干重）

生物质原料	纤维素/%	半纤维素/%	木质素/%
芥菜秸秆	32.7～48.3	14.7～29.6	17.7～24.6
玉米秸秆	29～38	24～26.1	11～19
水稻秸秆	32～47	19～27	5～24
棉花秸秆	38.7	23.5	23.5

（续）

生物质原料	纤维素/%	半纤维素/%	木质素/%
小麦秸秆	35～45	20～30	8～15
芒草	40～60	20～40	10～30
甘蔗皮	41.11	26.4	24.31
甜高粱秸秆	45	27	21
油菜秸秆	35.5～36.6	22.9～24.1	15.6～16.8
大麦秸秆	35.4	28.7	13.1
黑麦秸秆	42.38	27.86	6.51
向日葵秸秆	34.06	5.18	7.72
坚果壳	25～30	25～30	30～40
牧草	25～40	25～50	10～30
甘蔗渣	54.87	16.52	23.33

如图3-3所示，在生物质预处理之前，纤维素受到半纤维素和木质素的保护，导致纤维素酶无法到达反应活性位点，从而降低了纤维素酶与纤维素的可及性，使得纤维素的酶解效率降低，进而产生的可发酵糖含量低。相反，在生物质预处理后，半纤维素、纤维素和木质素之间的醚键或酯键被打破，有效去除了半纤维素和木质素，使纤维素充分暴露出来，增强了纤维素酶与纤维素的可及性，从而提高了纤维素的转化利用效率。因此，只有采用合适的预处理方法，才能有效提高秸秆生物质的预处理效率。

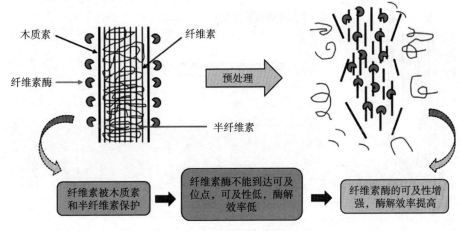

图3-3 生物质预处理示意图

3.2 秸秆生物质的利用

利用秸秆生物质来替代化石能源有助于缓解环境污染和能源短缺等问题,同时也有助于实现碳达峰和碳中和目标。目前,秸秆生物质的应用范围逐渐扩大,如厌氧消化、秸秆气化、秸秆压块等。厌氧发酵将显著促进秸秆生物质的降解,因为它可以打破木质素和多糖之间的连接,使得纤维素和半纤维素更易于被细菌消化。此外,利用秸秆进行发酵制氢也具有重要意义,因为它可以产生清洁能源(H_2),并减少传统燃烧所造成的环境污染。同时,还可以通过预处理、水解、发酵等方法从秸秆生物质中获得各种有价值的化学品或生物燃料,如生物柴油、生物乙醇、生物甲醇、生物丁醇、生物氢和沼气等。如图3-4所示,秸秆生物质在预处理后分离出来的半纤维素和纤维素可转化为五碳糖和六碳糖,一方面可以用来发酵生产生物燃料;另一方面还可以通过水热转化或催化反应生成各种平台化学分子,如甘油、乳酸、丙酮、氨基酸、乙酰丙酸、山梨醇、γ-戊内酯等。此外,从秸秆中提取的木质素可以通过催化解聚反应转化为芳香族化合物及其衍生物,如香草醛、丁香醛、香草酸、丁香酸、

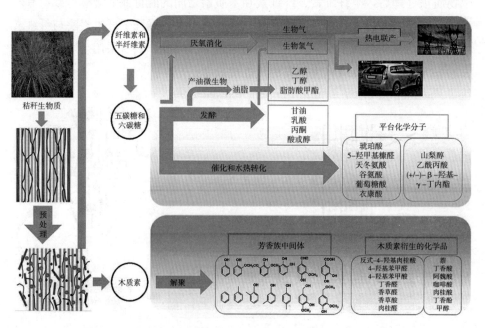

图3-4 从秸秆生物质中产生各种有价值的化学品和生物燃料

肉桂酸和丁香酚等。综上所述，探索和开发绿色、环保、低能耗、高效的预处理方法是将秸秆生物质转化为生物燃料和其他有价值化学品的先决条件。

3.3　秸秆生物质的化学预处理

3.3.1　酸预处理

酸预处理是一种常用的秸秆生物质预处理方法，主要通过破坏半纤维素、木质素和纤维素之间的醚键和/或酯键，来去除半纤维素和木质素，增强纤维素与纤维素酶的表面可及性，从而加速纤维素的糖化和发酵过程。在预处理过程中，通常使用无机酸和有机酸。无机酸预处理，包括浓酸和稀酸预处理。浓酸处理后需要进行水解生成稀酸。酸处理可以有效地将秸秆生物质转化为可发酵的糖。然而，不同酸处理方法对不同秸秆生物质材料的纤维素糖化效率差异很大。在无机酸的预处理中，磷酸预处理具有许多独特的特性，如对环境的影响较小、可作为发酵微生物的营养物质和具有最佳的糖化效率等。如表 3-2 所示，不同浓度的磷酸用于处理各种生物质，对糖化效率的影响各不相同，主要表现为低浓度的磷酸在高温下处理和高浓度的磷酸在低温下处理，均可获得相对较高的糖化效率。此外，木质纤维素生物质的浓硫酸和硝酸预处理是商业利用的重要方法。然而，强酸处理不仅需要高能量输入、特殊的设备和危险化学品，还会产生发酵抑制剂并造成环境污染。因此，其工业应用具有一定的局限性。

表 3-2　不同浓度的 H_3PO_4 对不同生物质的预处理

生物质	干物质/%	酸浓度	温度/℃	时间/min	糖化效率/%
玉米秸秆	5	2% H_3PO_4	121	120	56
	12.5	85% H_3PO_4 - acetone	50	60	67.9
	8	85% H_3PO_4	40	60	48.7
	15	84% H_3PO_4	50	45	75
油菜秸秆	12	1% H_3PO_4	200	15	93.9
甘蔗渣	5	0.2% H_3PO_4	186	8	56.4
甜高粱甘蔗渣	12.5	85% H_3PO_4	50	30	79
小麦秸秆	15	1.75% H_3PO_4	190	15	86
高粱甘蔗渣	12.5	75% H_3PO_4	60	60	86.2
黄花稔秸秆	12.5	75% H_3PO_4	60	60	82.2

目前，稀酸预处理是工业化最可行的方法，并已经为该技术设计了各种类型的设备反应器。稀酸处理有两种利用方式：高温（180℃）短时间和低温（120℃）长时间。稀硫酸、硝酸、盐酸、磷酸、草酸、马来酸、甲酸和乙酸预处理秸秆生物质已有研究报道。其中，稀硫酸的预处理技术应用最广泛。例如，用1.6%稀硫酸在147℃下预处理小麦秸秆30min，发现可发酵糖含量随着温度的升高具有显著增加的趋势，这说明适当提高温度有助于秸秆生物质的水解。使用1.2%的稀硫酸在110℃下预处理水稻秸秆14.02min，葡萄糖回收率高达90%[1]。此外，用盐酸预处理玉米秸秆可以降低反应过程的活化能，增加半纤维素、纤维素和木质素的分馏效率，并促进三大组分的有效利用。例如，采用中心复合设计法来优化盐酸浓度、反应时间、温度等参数，从而提高棉花和向日葵秸秆的糖回收效率和转化率。结果表明，在121.7℃下，利用2.28%盐酸预处理棉花秸秆36.82min，获得的可发酵糖含量为20g/L；而利用3.68%盐酸在87.03℃下预处理向日葵秸秆36.82min，获得的可发酵糖含量为15.5g/L[6]。进一步说明同种预处理方法针对不同秸秆生物质其最佳的处理条件会有一定的差异。

与无机酸相比，有机二元羧酸可以克服一些缺点。此外，基于适当的反应参数（温度和pH），二元羧酸表现出优异的性能，可以更有效地水解秸秆生物质。草酸和马来酸是用于预处理过程的常见二元羧酸。草酸不仅比硫酸更环保，而且表现出极好的糖化作用。此外，它产生的副产物更少，减少了发酵抑制剂的产生。马来酸预处理则有利于纤维素降解为葡萄糖，且会抑制葡萄糖的进一步水解。考虑到环境安全，尽管酸处理是工业规模上最广泛的技术，但由于其缺点和局限性，对其关注度越来越少。

综上所述，使用酸预处理可以通过两种不同的方式进行：在较高温度（>200℃）下进行稀酸（0.1%）预处理，以及在相对较低的温度（<50℃）下进行浓酸（30%~70%）预处理，这两种方法都有各自的优缺点。一方面，稀酸预处理具有较低的酸消耗，但由于温度较高，整个过程所需的能量较高；另一方面，由于反应温度较低，使用浓酸可降低能耗，但较高的酸度会形成发酵抑制剂（糠醛，5-羟甲基糠醛）。发酵抑制剂对发酵过程中微生物的生长具有严重影响，包括DNA分解和RNA合成减少，导致酶活性受阻，从而影响发酵效率。此外，由于酸浓度较高，反应容器的腐蚀风险始终很高[7]。因此，与浓酸相比，稀酸预处理更受欢迎，这可能是由于需要更低的酸浓度、更少的

能耗和可以获得更高的糖产量。

3.3.2　碱预处理

碱预处理是一种高效且具有成本效益的预处理方法，其高的 pH 能够溶解更多的木质素和部分半纤维素，打破木质素碳水化合物复合物中的醚键和/或酯键，增加预处理后纤维素的比表面积和孔隙率，降低纤维素的结晶度和聚合度，提高纤维素的可及性，从而促进纤维素的酶水解和发酵效率。碱性预处理通常适用于高含量木质素的秸秆生物质，使用的试剂主要有 NaOH、KOH、$NH_3 \cdot H_2O$、Ca（OH）$_2$ 等。碱预处理秸秆生物主要包括两种方式：一是用 2%～7%的碱在 100～200℃ 范围内处理 10～90min，二是用 0～2%的碱在 50～100℃ 范围内处理数小时。例如，当用 2% NaOH 在 105℃ 下处理大麦秸秆 10min 时，可以获得 84.8%的木质素去除率和 79.5%的半纤维素去除率[8]。用 0.25mol/L NaOH 和 Na_2CO_3 在 30℃ 下分别预处理小麦秸秆 6h，纤维素酶解率分别为 86.7%和 91.1%[9]。当使用相同浓度的碳酸钠、硫酸钠和乙酸钠三种碱性盐试剂分别预处理甘蔗渣时，硫酸钠在 180℃ 下预处理 1h，木质素的去除率最高可达 96.1%[10]。

碱的种类和浓度、反应时间和温度是木质素脱除和可发酵糖生产的主要影响因素。如利用 NaOH 预处理水稻秸秆，采用响应面法优化了 NaOH 浓度、预处理温度和时间，结果表明，2.96% NaOH 在 81.79℃ 下预处理 56.66min，纤维素酶解后葡萄糖产率最高为（254.5±1.2）g/kg[11]。用 1% NaOH 预处理水稻秸秆，纤维素含量为 61.9%，木质素含量为 37.51%，而未处理的水稻秸秆仅获得 52.75%的纤维素和 9.93%的木质素[12]，说明碱预处理后显著提高了木质素的去除率和纤维素的保留率。此外，Dong 等[13]用 7%（w/v）的 NaOH、KOH 和 LiOH 溶液在 -20～-8℃ 范围内分别预处理水稻秸秆，结果表明，LiOH 在 -15℃ 下预处理 3min 后获得了最高的木质素去除率 63.22%。这进一步说明了碱预处理还可以应用于更宽的温度范围。

碱预处理作为一种廉价的方法，具有许多优点，包括运行成本低、糖降解率低、能量消耗少、腐蚀性小、木质素含量低、发酵抑制剂含量少等。碱预处理不仅可以显著去除秸秆生物质中的木质素，还可以部分降解半纤维素和纤维素。一种合适且理想的方法是可以在保留可发酵糖的同时尽可能多地去除木质素。因此，碱处理的反应条件将根据木质素去除率和酶消化后的可发酵糖产率来确定。一般来说，秸秆生物质的预处理通常采用亚硫酸盐、石灰、氢氧化铵和氢氧化钠。在这些化学品中，氢氧化钠是最受欢迎的碱性试剂，因为它具有出色的脱木质素效率。但是，碱处理也存在一些缺点。如与酸处理相比，在预处理过程中形成的盐难以回收。

3.3.3　离子液体预处理

离子液体（ILs）是一种新型的绿色溶剂，近年来在秸秆生物质预处理中受到越来越多的关注。ILs 由有机阳离子和无机阴离子组成，它们在 100℃ 及以下以液体形式存在。在预处理过程中，离子液体与木质纤维素材料之间的相互作用受到阳离子、阴离子、时间和温度等关键参数的影响。ILs 通常被定义为"设计溶剂"，因为其特性可以通过选择为某些特定用途开发的阳离子和阴离子来改变和控制。目前，已有许多不同类型的 ILs 预处理秸秆生物质，以提高纤维素的酶解率。例如，用 8 种胆碱氨基酸离子液体（[Ch] [AA] ILs）对稻草秸秆生物质进行预处理，其中胆碱赖氨酸（[Ch] [Lys]）重复使用 5 次之后，葡萄糖和木糖的得率仍然分别达到 80% 和 52.2%，说明 [Ch] [Lys] 具有很好的重复使用性。因此，离子液体具有回收利用的广阔应用前景。小麦秸秆经胆碱牛磺酸离子液体（[Ch] [Tau]）预处理后酶解，还原糖收率达到 79.7%。此外，使用 1-乙基-3-甲基咪唑醋酸盐（EMIMAc）预处理黑麦秸秆可以显著提高还原糖的产量[5]。此外，ILs 中水的存在可以降低其回收成本和黏度，同时提高秸秆生物质的利用率，而且 ILs 中添加水还可以显著降低工艺成本。例如，用含有高达 50% 水分的 EMIMAc 溶液处理小麦秸秆，得到的葡萄糖产量高达 95%。在含有 20% 水的咪唑离子液体系统中，可以通过降低溶液的 pH 来增加木质素的去除率和葡萄糖的消化率[14]。

ILs 具有一些独特的物理化学性质：①低熔点、低蒸气压和低挥发性；②低毒性和疏水性；③高稳定性、极性和溶解性；④高离子电导率；⑤较低的能源成本；⑥操作简单；⑦良好的可回收性；⑧不易燃、无污染。此外，ILs 被认为是一种新型的盐，在常压和环境温度下以液态形式存在。此外，单糖、低聚糖和多糖可溶于 ILs。尽管 ILs 在秸秆生物质的预处理中具有许多不同的特征，但也存在一些缺点，如高费用、高毒性、高黏度、发酵抑制剂含量高，以及回收溶剂需要消耗大量的能量等。还有一个主要限制因子是 ILs 不适合与纤维素酶结合，会导致酶失活。

在过去的十年中，ILs 预处理被认为是木质纤维素生物质分馏、糖化和发酵的有效方法。此外，该技术还可用于生产其他副产物，从而提高预处理的整体经济效益。然而，一些关键因素可能会影响秸秆生物质预处理的效率，例如 ILs 的性质特征（质子或非质子）、处理条件（反应温度、反应时间、生物质粒径和负载量）以及不同类型的生物质，如软木、硬木和草本植物等。因此，可以通过调整阳离子和阴离子的类型来调整 ILs 的特性，并合成不同类型的 ILs。最重要的是，根据不同类型的秸秆生物质来选择合适的 ILs 进行预处理。然而，ILs 在处理秸秆生物质的过程中仍然存在许多技术和经济上的挑战。尽管在设计廉价的 ILs 方面取得了一些成就，但 ILs 回收和重复使用性成本高、毒性高及不可生物降解性等问题仍然是一些 ILs 在工业化应用中的主要障碍。因此，ILs 在预处理秸秆生物质上也存在一定的局限性。

3.3.4　低共熔溶剂预处理

低共熔溶剂（DESs）是生物质预处理过程中离子液体的有效替代品，被誉为是 21 世纪最流行的绿色溶剂之一。2003 年，Abbott[15] 等首次报道了 DESs 是由两种或两种以上的氢键受体（HBAs）和氢键供体（HBDs）以一定的比例在中等温度下加热合成的透明液体共晶混合物。2012 年，Francisco 等[16] 首次将 DESs 应用到木质纤维素生物质预处理中，发现可以高效去除木质素，这引起了广大研究者的关注，使得越来越多的不同类型的 DESs 被设计和开发来预处理秸秆生物质。其中，HBAs 与 HBDs 的强烈相互作用使 DESs 的凝固点或熔点远低于单个 HBD 或 HBA 的凝固点或熔点。这种相互作用不仅破坏了秸秆生物质中木质素碳水化合物复合物中的醚键和酯键，还有效去除了半纤维素和木质素，同时高效保留了纤维素，从而提高了秸秆生物质的全组分转化利用效率。图 3-5 展现了常见的 DESs 用于生物质预处理和转化。此外，DESs 具有种类多、成本低、易合成、易回收、高度可调、绿色环保、高溶解度、生物可降解性、生物相容性、不可燃性、不易挥发和 100％原子经济性等特点。更重要的是，DESs 的存在可以维持酶的稳定性和活性。因此，它们在木质纤维素生物质预处理中迅速发展并得到广泛应用。

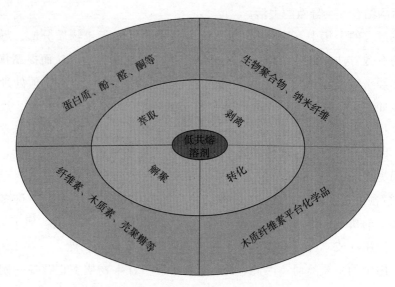

图 3-5　常见的 DESs 用于生物质预处理和转化

　　如表 3-3 所示，根据络合剂的性质，DESs 主要可分为四大类：Ⅰ 型
DESs 由季铵盐（如氯化胆碱等）和金属卤化物（如 AlCl$_3$）形成，由于非水
合金属卤化物具有高熔点，尚未广泛应用于秸秆生物质预处理中。Ⅱ 型 DESs
主要由季铵盐和水合金属卤化物（如 AlCl$_3$·6H$_2$O）形成，这些化学品在工
业过程中更可行，因为它们对空气和水分不敏感。Ⅲ 型 DESs 主要由季铵盐和
各种 HBDs（例如羧酸、醇、胺或酰胺等）组成。这种类型的 DESs 最常用于
生物质加工，因为它们的起始材料成本低且易于制备，对水敏感且高度可生物
降解。Ⅳ 型 DESs 包括无机过渡金属和 HBDs（如尿素等），即使金属盐通常
不会在非水介质中电离。最近又发现了一类新的 Ⅴ 型 DES，仅由非离子分子
物质组成，通常具有疏水性。对于 Ⅴ 型 DESs，很难区分 HBAs 和 HBDs。
Ⅴ 型 DESs 制备的关键在于酚羟基和脂肪族羟基基团之间的酸度差异引起的异
常强的相互作用。通常，Ⅴ 型 DESs 是疏水性的，并且具有相对较高的挥发
性。与其他四种 DESs 相比具有显著的优势，因为它可以通过蒸发来潜在地回
收和再生。这一特性为开发有效的 DESs 回收技术提供了可行性。此外，Ⅴ 型
DESs 具有很高的活性木质素分馏效率，因此，Ⅴ 型 DESs 用于秸秆生物质的
预处理将有很好的应用前景。

表 3 - 3　DESs 分类的一般公式

类型	成　分		一般公式
Ⅰ	季铵盐和金属卤化物	$Cat^+ X^- zMCl_x$	M＝Zn, Sn, Fe, Al, Ga, In
Ⅱ	季铵盐和水合金属卤化物	$Cat^+ X^- zMCl_x \cdot yH_2O$	M＝Cr, Co, Cu, Ni, Fe
Ⅲ	季铵盐和各种 HBDs	$Cat^+ X^- zRZ$	$Z＝CONH_2$, COOH, OH
Ⅳ	无机过渡金属和 HBDs	$MCl_x + RZ ＝ MCl_{x-1}^+$ $RZ + MCl_{x+1}^-$	M＝Al, Zn, $Z＝CONH_2$, OH

　　DESs 的制备主要包括加热、蒸发和冷冻干燥三种方法。合成 DESs 常见的 HBAs 和 HBDs 如图 3 - 6 所示。DESs 在预处理过程中起着三种作用，即优良的催化剂、溶剂和反应介质。只有了解 DESs 的特殊结构和性质，才能设计出理想的 DESs 来预处理各种不同的秸秆生物质。目前，用于秸秆预处理的主要有酸性、中性和碱性 DESs，其中，酸性 DESs（含有羧基：乙酸、乳酸、丙二酸等）的预处理效率最佳，主要原因是它们可以提供足够的活性质子和酸性位点，来促进碳水化合物中的糖苷键的断裂，从而有效去除半纤维素和木质素，保留纤维素。此外，HBAs 的酸量、强度和性质对半纤维素和木质素的去除以及纤维素的酶解起着重要作用。例如，氯化胆碱：丙二酸（1：1）、氯化胆碱：甘油（1：2）和氯化胆碱：乳酸（1：5）三种 DESs 在 80℃下预处理甘蔗渣 12h，均能选择性脱除木质素，提高糖化效率。其中，氯化胆碱：乳酸（1：5）预处理后木质素去除率最高为 81.6％，酶解率高达 98.5％。氯化胆碱：乙酸（1：3.59）在 126℃下预处理水稻秸秆 150min，木质素的去除率为 83.1％，纤维素的酶解率高达 92.2％。中性 DESs（含有醇基：乙二醇、丙三醇等）的预处理效果并不理想，其木质素的溶解和分馏效果很差，而当在中性 DESs 中加入酸时，预处理效果明显提升。例如：在氯化胆碱：乙二醇（1：2）中加入柠檬酸预处理小麦秸秆，木质素的去除率从 35.67％增加到 92.37％。碱性 DESs（含胺/酰胺基团）对木质素的分馏性能随着 pH 的降低，DESs 碱性减弱，从而导致木质素去除率逐渐下降。

　　DESs 预处理秸秆生物质也存在一些缺点，如在某些反应条件下不稳定，具有类似于传统有机溶剂的可挥发性，DESs 降解产生杂质，吸湿性强、高黏度，可能具有生态毒性和细胞毒性。幸运的是，具有多样性和可设计性等独特特征的 DESs 可以克服这些缺点。例如，微波与 DESs 的结合可以缩短反应时间并减少不稳定性的影响；使用疏水性DESs可以降低吸湿性；DESs中水的存在会降低DESs的黏度以提高预处理效率。总体而言，DESs可以选择性地溶解大部分的半纤维素和木质素，同时尽可能保持纤维素的完整性。因此，DESs将在秸秆生物质的预处理技术中发挥重要作用，被认为是提高秸秆生物质转化率的传统溶剂的最有前途和最环保的替代品。有许多工艺参数会影响DESs预处理的效率，例如以下三种：①秸秆生物质原料的特性，包括成分、结晶度和粒径；②DESs的特性，如HBDs和HBAs特性以及摩尔比；③预处理的反应条件，包括DESs预处理的温度、时间和固液比的影响。因此，它们

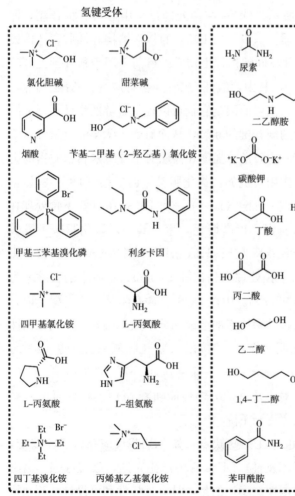

图3-6 合成DESs常见的氢键受体和氢键供体

对木质纤维素原料转化、分馏、糖化和发酵具有重要意义，有助于进一步研究 DESs 特性和反应条件。尽管之前许多研究从各个方面报道了 DESs 预处理秸秆生物质，但预处理的作用机制仍未得到证实，需要进一步深入研究。

3.3.5 有机溶剂预处理

有机溶剂处理秸秆生物质是溶解半纤维素和分离纤维素以及从中提取纯木质素的一种有效的方法。有机溶剂可以破坏木质纤维素中的 α-O-芳基键、β-O-芳基键和 4-O-甲基葡萄糖醛酸酯键，以实现木质素和半纤维素的溶解以及纤维素的保留，并提高纤维素的酶水解效率。常用的有机溶剂有甲醇、乙醇、丁醇、乙二醇、丙三醇、甲酸、乙酸、丙酸、丙酮、甲醛、二氧六环、四氢呋喃、苯酚和胺类等。由于有机溶剂具有低沸点、高压、易挥发、易燃等特性，因此，有机溶剂预处理是一种替代技术，也是一种很有前途的秸秆生物质预处理技术。但主要缺点是昂贵的成本、高含量的发酵抑制剂和非生态友好性等。

不同的有机溶剂和预处理条件可以显著提高有机溶剂的预处理效率。人们从生物质原料的负载量和粒径、溶剂的类别和浓度、反应温度、时间和压力等方面对有机溶剂的处理进行了研究。有机溶剂预处理的温度通常为 150～220℃，较低的温度（低于 60℃）使木质素的去除率降低。例如，用 68%（v/v）乙醇在 51℃下处理咖啡废料 45min，仅获得 24.4% 的木质素去除率[17]；而用丙酮在 180℃下处理小麦秸秆 40min，可以获得 76% 的木质素去除率[18]。此外，常压甘油水溶液自催化有机溶剂预处理（AAGAOP）可以裂解半纤维素、纤维素和木质素之间的酯键和糖苷键，提高纤维素的可及性，促进秸秆生物质的转化和酶消化率。例如，在 220℃下，用 AAGAOP 以 1∶20 的固液比对小麦秸秆进行预处理 3h，去除了 70% 的半纤维素和 65% 的木质素，保留了 98% 的纤维素[19]。说明甘油有机溶剂预处理可以显著破坏秸秆生物质复杂而顽固的结构，并选择性地去除半纤维素和木质素形成的部分屏障以充分保留和暴露纤维素。

不同有机溶剂的联合预处理通常表现出意想不到的效果。使用正丙胺（10mmol/g 干生物质）和 60% 乙醇在 140℃下处理玉米秸秆 40min，木质素去除率达到 81.7%，比单独用乙醇处理高出 82%[20]。在此过程中，正丙胺充当催化剂，促进木质素和半纤维素之间醚键或酯键的断裂。用乙二醇（EG，沸点 197℃）和碳酸二乙酯（EC，沸点 260℃）的混合物（EC：EG＝4：1）联合 1.2％硫酸在 4℃下处理甘蔗渣 30min，获得了 93％的葡聚糖酶消化率。此外，有学者还研究了有机溶剂（OS）-稀酸（DA）预处理工艺对秸秆生物质残渣转化的优点。OS-DA 处理从底物中可以获得约 90％的纤维素消化率。有机溶剂处理可以从秸秆生物质原料中通过一锅分馏方法显著提高纤维素的消化率。此外，有机溶剂体系通常使用乙醇和水联合酸或碱催化剂（如水/乙醇和硫酸）、水/甲醇和碱以及有机溶剂联合蒸汽爆炸预处理。

总的来说，有机溶剂预处理是一种有效的预处理方法，通常该预处理的温度范围为 100～210℃。其中在 185～210℃范围内的有机溶剂预处理不需要额外添加有机溶剂作为外源催化剂，因为秸秆生物质产生的有机酸作为有机溶剂可以充当催化剂来使用。有机溶剂预处理的优点是可以高效地分馏纤维素、半纤维素和木质素，并且只产生少量的副产物，并保持木质素中 β-O-4 键的稳定性，避免下游应用时木质素的降解和缩合。然而，该方法也存在一些缺点，如分馏烦琐和溶剂回收困难等问题，并且需要消耗大量的能量。

3.3.6 亚硫酸盐预处理

克服木质纤维素顽固性（SPORL）的亚硫酸盐预处理是木质纤维素生物质一种新型的处理方法。它主要分为：用亚硫酸钙或亚硫酸镁预处理生物质，以去除半纤维素和木质素馏分；使用机械圆盘粉碎机显著减小预处理生物质的尺寸。该方法可以显著减少发酵抑制剂（糠醛或五羟甲基糠醛）的形成。比如，SPORL 预处理云杉芯粉末，用 8％～10％亚硫酸氢盐和 1.8％～3.7％硫酸在 180℃下处理 30min。每克底物用 14.6 FPU 纤维素酶和 22.5 CBU β-葡萄糖苷酶水解 48h，90％以上的底物转化为葡萄糖，且分别仅形成 0.5％的五羟甲基糠醛和 0.1％的糠醛，而酸催化蒸汽预处理形成了 5％的五羟甲基糠醛和 2.5％的糠醛，显著高于 SPORL 预处理。此外，在 SPORL 预处理过程中五羟甲基糠醛和糠醛的含量会随着亚硫酸氢盐的增加而减少，这可能是因为较高的亚硫酸氢盐含量导致 pH 升高，从而最大程度上减少五羟甲基糠醛和糠醛的生成。此外，用 0.8％～4.2％硫酸和 0.6％～7.4％亚硫酸钠在 163～197℃对柳枝稷处理 3～37min，结果表明，通过去除半纤维素、部分溶解和磺化木质素降低木质素的疏水性，提高了柳枝稷纤维素的消化率。SPORL 预处理柳枝稷后，每克底物用 15 FPU 纤维素酶和 30 CBU β-葡萄糖苷酶水解 48h，底物水解率为83%。与稀酸和稀碱预处理相比，SPORL预处理方法的底物水解率最高为77.2%，而稀酸和稀碱预处理分别为68.1%和66.6%[21]。

目前，Na_2S、Na_2SO_3、Na_2CO_3和NaOH可用于各种SPORL预处理玉米芯、甘蔗渣、水葫芦和稻壳等生物质。Na_2SO_3预处理可以从秸秆生物质原料中获得可发酵糖，是一种很有前途的预处理技术。Na_2S和Na_2SO_3预处理水葫芦、水稻壳、甘蔗渣和玉米芯，从水葫芦和水稻壳中获得了约97%的木质素和约93%的半纤维素，从甘蔗渣和玉米芯中去除了约75%的木质素和约90%的半纤维素[21]。在180℃下，用20%（w/w）亚硫酸铵和4%碳酸钠联合预处理小麦秸秆1h，获得了99.9%的葡聚糖和88.0%的木聚糖[22]。因此，用SPORL预处理木质纤维素生物质，可以有效去除半纤维素和木质素，提高纤维素的酶解效率，并且在预处理后木质素发生了磺化，最终生成亲水性多酚结构。

近年来，SPORL预处理因其多功能性、高效性和简单性而备受青睐。它将能耗降低到减少生物质尺寸所需的1/10，可以高效地将纤维素转化为葡萄糖，并最大限度地提高半纤维素去除率和木质素的回收率。SPORL具有处理各种不同生物质的能力，并可通过相关改进在现有的工厂中生产生物燃料，因此，在商业生产方面具有一定的潜力和前景。然而，使SPORL成为一种具有成本效益的预处理方法也有一些问题需要解决，例如糖的降解、预处理后洗涤需要大量水以及回收预处理化学品的高成本等。

3.3.7 氧化预处理

秸秆生物质的氧化预处理，包括过氧化氢氧化预处理、过氧乙酸氧化预处理、臭氧氧化预处理、氧气（或空气）氧化预处理等。在氧化预处理中可能会发生许多化学反应，比如亲电取代、侧链置换和芳香环醚键氧化裂解等。氧化预处理的一个主要缺点是它会破坏大量的半纤维素，使其无法用于发酵。该过程通过将半纤维素转化为酸从而去除木质素，而酸起到发酵抑制剂的作用。另外，氧化预处理会导致半纤维素过度降解，形成发酵抑制剂，影响后续发酵。因此，需要去除这些酸和防止半纤维素过度降解，从而提高酶解效率和可发酵糖的产量。

过氧化氢（H_2O_2）可分解成—OH和O_2^-，有助于烷基丙烯醚键和芳基醚键的裂解，从而破坏木质素的结构，且不会产生发酵抑制剂，但过量的

—OH 会导致木质纤维素的过度降解和转化。研究发现，当 H_2O_2 浓度小于 2%或大于 4%时，木质素的降解率不再增加。因此，在氧化预处理过程中控制浓度在 2%～4%之间能有效防止木质纤维素过度降解同时增强预处理效果。秸秆生物质新的分馏氧化处理技术已有报道，该技术应用了 O_2 和 H_2O_2 在碱性条件下作为助氧化剂，来同时提高秸秆生物质转化为可发酵糖的效率和提高木质素的纯度和稳定性[23]。此外，H_2O_2 联合过氧乙酸与碱（NaOH）预处理与单独使用 NaOH 处理相比，可以显著提高酶解效率和还原糖产量。例如，当使用 1% H_2O_2 和碱在 25℃下对小麦秸秆进行预处理 18～24h，pH 为 11.5，溶解了大部分半纤维素，去除了 50%木质素，比单独 NaOH 处理更有效，酶解效率更高，当 pH 达到 11.5 时，转化率几乎为 100%[24]。

臭氧（O_3）具有很高的氧化性，分解成的自由基可与木质素反应并去除半纤维素，而不会产生任何发酵抑制剂，通常用于预处理各种秸秆生物质。O_3 的用量、处理时间和 pH 对木质素降解率影响显著。应用 8.87g/g O_3 处理小麦秸秆 2h，葡萄糖产量为 0.057mg/ml。当预处理时间延长至 6h 时，葡萄糖产量提高了 5 倍。傅里叶变换红外光谱（FTIR）分析说明 O_3 预处理可有效降低纤维素和木质素的含量，以 43.9g/g 在 pH 为 7.0 的条件下预处理咖啡壳 32.5min，木质素去除率最高可达 37.4%，而 O_3 强度降至 19.19g/g，预处理时间降到 14.2min，pH 增加到 11 时，木质素的去除率最高值达到 46.0%[25]，这表明在碱性条件下 O_3 预处理更有利于木质素的去除。然而，该处理过程需要消耗大量的臭氧，会增加成本、提高能耗，从而影响其实际应用。

氧化处理还包括湿法氧化，是指在严格的温度、压力和时间下用水和空气或氧气处理秸秆生物质的过程。该方法可以裂解木质素，溶解半纤维素，提高纤维素的敏感性，减少副产物的产生，需要更高的温度（高于 120℃）和更高的压力（0.8～3.3MPa），但与其他预处理方法相比，可以获得显著的预处理效率。该方法的主要缺点是需要消耗氧化剂、高温高压、费用高、设备要求严苛等，并且产生的可发酵糖含量低，原因是大量的半纤维素被过度降解。

3.3.8　蒸汽爆炸预处理

蒸汽爆炸（SE）被认为是最具成本效益、最高效和最环保的可工业化应用的方法之一。SE 通常在高温（160～260℃）和高压（0.69～4.83MPa）下启动，持续数秒或数分钟，蒸汽迅速渗透到木质纤维素中，然后突然减压，水分迅速蒸发，在纤维内部形成爆炸，打破了木质纤维素生物质的顽固结构。木质素被部分去除或重新分布，纤维素的可及性显著提高。在没有催化剂的情况下，SE 预处理生物质也被认为是自水解，可以从生物质中释放出大量的酸。这些酸在裂解糖苷键方面起着至关重要的作用。在 SE 所需的压力和温度条件下，半纤维素中热不稳定的乙酰基被裂解并释放出乙酸，此外，还会产生甲酸或乙酰丙酸，这有助于提高 SE 预处理的整体效率。在整个 SE 预处理过程中，木质纤维素降解的主要原因是 $\beta-O-4$ 醚键和其他酸不稳定键的均匀裂解。在整个过程中半纤维素和木质素被去除，同时纤维素在整个过程中被保留，进而提高可发酵糖的产量。一些关键参数会影响 SE 预处理的效率，如蒸汽温度、水分含量和生物质粒径以及反应时间等。

SE 预处理秸秆生物质，不仅大大降低了危险化学品的使用和反应时间的消耗，而且提高了木质素的分馏效率，获得了高纯度、高质量和高稳定性的木质素。目前，已有报道称 SE 预处理水稻秸秆、玉米秸秆、小麦秸秆、甘蔗渣和向日葵秸秆获得了相对较高的可发酵糖。例如，SE 预处理水稻秸秆后，其理化特性得到了有效改善，去除了 49.54% 的半纤维素，获得了 53.46% 的纤维素消化率，与未处理的秸秆相比，木质素去除率和纤维素消化率分别增加了 16.79% 和 13.72%[26]。此外，还发现用 SE 处理水稻秸秆和玉米秸秆后，可以显著提高秸秆内部的黏结强度和耐水性，从而有效分离半纤维素、纤维素和木质素，并提高这三个组分的高值化利用效率。

利用蒸汽等加压流体作为主要反应介质用于促进半纤维素、纤维素和木质素的分离、解聚和转化等过程的技术，被认为是一种环境友好型技术。因为加压过的热水是一种无毒、安全和清洁的优质溶剂，可用于木质纤维素水解。此外，该处理直接使用生物质原料而不去除原料中的水分，与其他工艺相比，省去了脱水步骤，使其具有降低成本的潜力。因此，SE 与其他工艺相比具有明显的优势，如反应条件更安全，酶水解过程更环保、更经济，酶水解效率更高等。SE 还可以预处理更大粒径的秸秆生物质，不需要酸催化剂，并且在工业上具有可行性。然而，SE 预处理也存在一些缺点，例如高能量输入增加了预处理成本；高含量发酵抑制剂，例如甲酸、五羟甲基糠醛、乙酸和糠醛等，降低了发酵效率；昂贵的反应器制造材料和更高的温度来产生蒸汽增加了预处理的成本。因此，需要更深入的研究来优化 SE 的预处理条件以提高秸秆生物质的预处理效率同时降低预处理成本。

3.3.9 液态热水

液态热水（LHW）处理是一种高效环保的技术，也称为热压缩水、溶剂分解、水热解、水分馏等，它是用水在高压（高达 5MPa）和高温（170～230℃）下处理生物质，使水保持液态并充当酸来溶解半纤维素，去除木质素，并保留纤维素，还避免了在高温下形成发酵抑制剂[21]。LHW 可以根据水和生物质流入反应器的方向以三种不同的方式进行：①并流预处理，将生物质浆料和水浆液加热到所需温度，并在预处理条件下保持受控的停留时间，然后冷却；②逆流预处理，即在受控条件下将热水泵送至生物质上；③流经预处理，其中生物质像固定床一样起作用，热水流过生物质，将水解馏分从反应器中带出。LHW 处理越来越受到关注，因为它不需要添加化学品或催化剂，也不需要快速释放压力或膨胀。此外，与蒸汽爆炸（SE）相比，它几乎不产生发酵抑制剂，在保持了糖的高产量的同时，几乎中性的 pH 和更低的腐蚀性使其反应器维护成本更低。然而，LHW 工艺的主要缺点是对反应器的配置有严格的要求。同时，由于需要大量水，预处理后的产物需要进一步脱水，因此在下游加工中会消耗大量的能量。

通过区分半纤维素和纤维素的水解速率，可以设计两阶段 LHW 处理。LHW 处理可以降解小麦秸秆和玉米秸秆等多种原料中 80％的半纤维素。小麦秸秆通过两级水热工艺和随后的酶水解进行预处理，获得了 66％的总糖回收率和较低的副产物含量[27]。此外，两阶段 LHW 处理玉米秸秆酶解 89h 后葡萄糖回收率达到 55.72％。富含醋酸废液的一级 LHW 处理与两级 LHW 处理效率对比结果表明，利用富含醋酸废液的两级 LHW 处理获得了 89.55％的葡萄糖，而通过应用一级 LHW 处理获得了 80.58％的葡萄糖[28]。因此，为了获得最多的可发酵糖，两阶段处理是最合适的预处理方法。此外，在室温下，分别采用 LHW 和碱液浸泡处理大豆秸秆，均在两阶段处理方法下提取了几乎100％的纤维素。用 NaOH 浸泡，葡萄糖的产率高达 64.55％，木聚糖的去除率高达 46.37％，而在 210℃下 LHW 预处理 10min，获得了 70.76％的葡萄糖和 80％的木聚糖[29]。

虽然 LHW 处理是将秸秆生物质转化为可发酵糖的一种有前途的方法，但为不同种类秸秆生物质设计最佳预处理条件仍然需要不断探索。为了预测从不同秸秆生物质中获得最高糖产量的最佳反应条件，有研究应用一般加性模型

（GAMs）来可视化 LHW 预处理象草和甘蔗，并优化出了获得最高的葡萄糖产量的最佳反应条件[30]。因此，利用一般加性模型（GAMs）来提高 LHW 预处理效率是一种很有意义和前景的研究方法。

3.3.10 超临界流体预处理

超临界流体（SCF）是指在高于临界点的温度（T_c）和压力（P_c）条件下，既不呈现气态也不呈现液态，而是介于气态和液态之间状态的物质。当在超临界条件下，气相和液相共存时，它们不能被区分并达到临界点。在超临界领域，这种独特的液体因其独特的性质，如类气黏度、扩散速率、气液之间的中间体等特性，可增强其对秸秆生物质的渗透性。SCF 可以穿透生物聚合物（例如纤维素）的小孔隙，这有助于解决其他处理技术中遇到的传质问题，并进一步促进糖化和提高发酵效率。当接近临界点时，生物质的溶解度因系统温度和压力改变显著增加。传统的预处理技术通常需要高温、高压等严苛的条件，反应过程中形成的发酵抑制剂较多。与此形成鲜明对比的是，SCF 可以在温和的预处理条件下运行，以获得高含量的可发酵糖和低含量发酵抑制剂。

二氧化碳、氨、水和碳氢化合物（丙烷和丁烷）是最常见的超临界流体。超临界二氧化碳（Sc-CO_2）在预处理过程中不会产生任何发酵抑制剂，也无须任何分离过程。因此，它成为秸秆生物质原料加工中最受欢迎的压缩流体之一。此外，Sc-CO_2 是一种基于 CO_2 生产的超临界流体，性质相对稳定，因此更容易获得和运输。该流体表现出"类气态"传质特性和"类液态"溶剂化能力。此外，CO_2 不易燃并且无毒，同时其可调节至更高的扩散系数、更强的溶解性、更好的可回收性。CO_2 具有低温（31℃）和一定压力（7.4MPa）等特性，并形成超临界 CO_2 具有类似液体的密度和类似气体的黏度或者扩散率的区域（图 3-7）。因此，超临界 CO_2 提高了其在生物质原料小孔隙中的渗透性，进而达到裂解半纤维素和纤维素之间的醚键或酯键并降低纤维素结晶度的效果。

研究发现，利用 Sc-CO_2 对秸秆生物质进行预处理，可以显著提高可发酵糖的产量。例如，用 Sc-CO_2 在 150℃、24.1MPa 下预处理含有 75％水分的玉米秸秆 1h，当温度和压力逐渐升高时，葡萄糖产量也随之显著提高。在最佳条件下，其葡萄糖产量达到 30％，比未预处理的玉米秸秆提高了 18％[31]。Sc-CO_2 在110℃、30MPa 下预处理水稻秸秆 30min，葡萄糖得率为 32.4％±

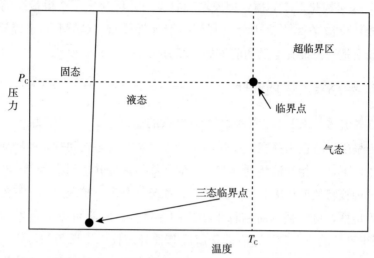

图 3-7 具有固-液-气相和超临界区域的可压缩流体的压力-温度相图

0.5％，而未处理水稻秸秆的葡萄糖得率仅为 27.7％±0.5％。在 40℃ 和 10MPa 下用 Sc-CO$_2$ 预处理甘蔗渣 120min 后，得到了 60％可发酵糖[32]。应用 Sc-CO$_2$ 对稻草和小麦秸秆进行预处理可以在随后的酶水解中分别获得 100％ 和 32％的葡萄糖。这是由于使用 Sc-CO$_2$ 预处理秸秆生物质时，CO$_2$ 会生成碳酸，提高了半纤维素和木质素的去除率，并且 CO$_2$ 可穿透半纤维素、纤维素和木质素的小孔隙，导致半纤维素和纤维素结构的破坏。二者相结合，增加了纤维素的可及性，同时减少了发酵抑制剂的生成，从而提升酶水解效率。然而，这项技术对反应器设备严苛的要求限制了其广泛应用。

超临界水（SCW）也应用于秸秆生物质的预处理。Martinez 等[33] 在 390℃ 和 25MPa 下使用 SCW 进行了甜菜浆的水解。反应时间从 0.11～1.15s 不等。五碳糖和六碳糖产量分别为 71％ 和 61％，且测得的发酵抑制剂含量最少。然而，增加 SCW 预处理时间，会降低糖的产量，同时导致抑制剂的含量增加[7]。其他超临界流体方法，如超临界氨和超临界乙醇，也被用于生物质分馏和转化。其中，超临界乙醇与亚临界乙醇相比，预处理效果上表现出更高的木质素分馏效率和更高的纤维素纯度。超临界流体技术的发展为开发生物质解构的节能绿色工艺提供了必要的推动力。但是由于该技术仍然存在一些困难，如高温高压、发酵抑制剂的形成、预处理时间短等，这些因素抑制了超临界流体技术在大规模工业应用中的预期增长速度。

3.3.11　SO_2 爆炸预处理

SO_2 爆炸预处理技术类似于 CO_2 爆炸预处理，可以通过添加外源酸来催化半纤维素的溶解，从而达到增强木质素分馏、提高纤维素的水解效率和获得较低的最佳预处理温度的效果。SO_2 溶于水可生成中强酸 H_2SO_4，其产生 H^+来促进半纤维素和木质素的去除，提高纤维素的可及性和酶解效率。此外，SO_2 还可以提高木质素分馏的效率。SO_2 在水中可以将半纤维素转化为更多的可发酵糖，同时降低发酵抑制剂的产生。另外，由于 SO_2 溶于水，可以通过蒸汽汽提法从水中提取 SO_2，达到 SO_2 循环的效果。然而，该预处理也存在一些缺点，例如对反应器设备的高要求，反应体系中的酸含量高时会将糖过度降解和产生较多的发酵抑制剂。

SO_2 催化蒸汽爆炸已用于各种不同的秸秆生物质预处理中。例如，在190℃下，用 2% 含水量的 SO_2 作为催化剂，预处理甘蔗渣 5min，半纤维素水解液中戊糖含量达到 57%。当水不溶性固体残渣（纤维素残渣）含量为 2% 时进行酶解消化，总糖转化率为 87%，木糖转化率为 60%。更重要的是，在整个反应过程中几乎没有产生发酵抑制剂[34]。此外，在 190℃下用 3% SO_2 进行爆炸法预处理玉米秸秆 5min，木糖的产量达到 74%[35]。进一步证明了 SO_2 爆炸预处理的高效性。

3.3.12　氨纤维膨胀预处理

氨纤维膨胀（AFEX）被认为是一种热化学预处理技术，其预处理过程与SE 预处理相似，即用液氨代替水。它在中等温度（60~120℃）、较低的压力（1.72MPa）以及较短的时间（5~30min）范围内添加无水氨或含较低水分的氨并迅速释放压力。该方法可以有效打破木质素-碳水化合物复合物的醚键或酯键，从而使大部分木质素被解聚和去除、半纤维素脱乙酰化而被有效水解，与此同时纤维素被高效保留，显著提高了纤维素的可及性和酶水解效率[7]。该方法可以减少发酵抑制剂的产生，预处理温度适中、时间短。此外，氨被认为是一种良好的催化剂，具有高挥发性，可提高回收和再利用的效率。值得注意的是，残留在生物质中的氨可以被用作发酵过程中的优良氮资源，并且不需要洗涤，有效地降低了预处理成本。AFEX 还可以有效处理高固体负载量的生物质。AFEX 预处理可以通过改变 5 个主要参数——温度、时间、压力、含水量和氨含量进行优化，以获得最大的葡聚糖和木聚糖产量。

目前，AFEX 已被用于小麦秸秆、水稻秸秆、玉米芯/秸秆和甘蔗渣等预处理中。据报道，在最佳反应条件下对玉米秸秆进行 AFEX 处理可以获得98%的葡萄糖。芒草在氨：生物质负载量 2：1（w/w）、反应温度 160℃、含水量 233%、反应时间 5min 和酶解时间 168h 的最佳条件下进行预处理，获得了 96%的葡聚糖和 81%的木聚糖。小麦秸秆的 AFEX 处理也可以用氨水（25%，w/v）代替液氨进行，纤维素的酶解率为 90%。AFEX 用于水稻秸秆的预处理，纤维素糖降解率小于 3%[5]。经 AFEX 预处理，甘蔗渣在酶水解过程中分别从纤维素和半纤维素中获得 85%的葡聚糖和 95%～98%的木聚糖。此外，AFEX 工艺对于高木质素含量的生物质的预处理效果较差。例如，AFEX 预处理的白杨屑和报纸（25%木质素含量）的水解产量较低，为 40%～50%，而甘蔗渣（15%木质素含量）和狗牙草（5%木质素含量）的水解产率为90%[36]。

使用氨处理时，高压和相对较高温度会引起木质纤维素生物质中纤维素的溶胀和相变，以及半纤维素和木质素的解聚，从而提高纤维素的酶解率。与其他预处理方法不同，AFEX 处理不会产生发酵抑制剂，这对于后续加工非常有利。此外，由于不需要水洗、解毒、回收和大量水的再利用等额外步骤，预处理过程的总成本非常低。然而，AFEX 处理的一个主要缺点是设备的高成本，以及承受处理过程中涉及的高压。氨的高成本和氨回收能源需求的增加是AFEX 工业化面临的主要问题。

3.4 秸秆生物质的物理预处理

3.4.1 微波预处理

微波预处理是利用微波与极性分子相互作用原理使材料快速加热。通过微波辐照，能够选择性地将能量转移到各种材料上，因此广泛应用于木质纤维素原料的预处理。在微波辐照过程中，有两个主要的作用机制：一是微波与样品中的极性分子相互作用，产生热能，这种直接相互作用可以通过离子传导或偶极子旋转来实现；二是偶极子旋转会导致生物质结构的分解和分子碰撞，这些分子碰撞会产生额外的热能，有助于纤维素膨胀、生物质破碎以及超微结构的改变，从而提高水解效率。微波处理已经被证明是一种非常有潜力的技术，因为它具有许多明显的优点：一是操作简单，使用的能量需求较低；二是微波能够在短时间内高效加热样品；三是微波处理具有高传质传热效率和高选择性，能够产生较少的发酵抑制剂。然而，微波处理也存在一些缺点：如设备成本较高，对设备的要求也较高，需要特定的反应器和兼容的预处理设施等。

Lu 等对油菜秸秆进行了微波预处理的研究，探究了不同功率和时间对预处理效果的影响。他们发现较高的微波功率可以提高葡萄糖的产量，而预处理时间在设置的特定功率下对结果并没有显著影响。Chen[21] 等从木质纤维素结构破坏的角度出发，研究了在 190℃下微波加热甘蔗渣 5min，其预处理效果明显。此外，微波辅助的其他预处理过程，如碱、酸和盐等，显示出更显著的效果。例如，在 160℃下用 1.5% NaOH 和微波辐照小麦秸秆 15min，可以去除大量的木质素，保留高含量的纤维素，从而提高还原糖的产量[37]。在另外一项研究中，微波辐照结合醋酸和丙酸对水稻秸秆进行预处理，木质素去除率分别为 46.1% 和 51.54%，以及糖回收率分别为 71.41% 和 80.08%。研究还发现，微波预处理中最重要的影响因素是微波的强度，其次是固液比，然后是酸的浓度，最后是辐照时间[5]。由于微波预处理能够显著缩短反应时间，因此将微波与其他技术相结合用于秸秆生物质的预处理具有广阔的应用前景。

3.4.2　电子束辐照

线性电子加速器产生电子束电离辐射，可被用于秸秆生物质的物理预处理。电子束辐照（EBI）通过高电荷电子束靶向作用，使秸秆生物质产生自由基攻击木质素碳水化合物复合物中的醚键和酯键，打破纤维素、半纤维素和木质素之间的链接，降低纤维素的结晶度，提高酶解效率和可发酵糖的产量。EBI 与其他预处理相比具有一些优点，例如更高的选择性、更短的处理时间、更容易控制反应条件、不需要利用有毒化学品等。据报道，在 400kGy 的 EBI 剂量下预处理甘蔗渣，获得的还原糖产量与未经预处理的甘蔗渣相比提高了 3 倍[38]。采用 EBI 预处理水稻秸秆，吸收剂量为 80kGy、加速电压为 1MeV、电流为 0.12mA 时，葡萄糖含量为 52.1%，而未处理的水稻秸秆中葡萄糖含量仅为 22.6%[39]。浸泡式 EBI 预处理水稻秸秆比商业 EBI 具有更高的效率，被认为是一种环保的预处理方法，不仅不会产生发酵抑制剂，而且可以显著提高可发酵糖的产量并增强酶的水解效率。此外，EBI 与其他预处理方法相结合，表现出更有效的预处理效果。例如，EBI 与碱结合预处理水稻秸秆，纤维素含量提高了 31.6%，木质素含量降低了 13.1%。随着辐照剂量的增加，预处理后糖产量逐渐增加。

较高的辐射水平会导致糖的产量降低，因为它会诱导寡糖和葡萄糖降解。辐射剂量会影响电子辐射引起的反应，从而影响聚合物的结构。高能电子辐射预处理是 EBI 的一种，已应用于各种秸秆生物质，包括水稻秸秆、甘蔗渣、玉米秸秆、水稻壳、小麦秸秆和花生壳等。秸秆生物质暴露在高能电子辐射下，可降低纤维素的聚合度，增加水分含量，提高纤维素的可及性和酶解率，减少环境污染等。其主要缺点是纤维素损失高、成本昂贵，难以大规模工业化生产。与其他方法相比，高能电子辐射预处理的辐照剂量易于控制，这是 EBI 预处理的唯一关键因素。此外，辐射与化学预处理相结合可以显著提高纤维素的酶解率和木质素的去除率，特别是辐照与碱预处理（如氢氧化钠等）相结合。目前，EBI 已成为未来秸秆生物质预处理研究的潜在候选方法之一，但需要关注系统设计、关键参数的优化以及全面的技术经济分析。

3.4.3 超声波预处理

超声效应包括机械声学效应和声化学效应。当超声波通过低压、微小气体或蒸汽气泡的区域时，会产生气泡，其尺寸逐渐增大，直到达到临界极限，然后内爆，产生声空化现象。声空化气泡的内爆释放出大量能量，导致周围区域出现高温和高压，从而产生热效应和剪切力。此外，由于水分子在声空化过程中产生高活性氧化自由基，促进了木质素和半纤维素中 $\alpha-O-4$ 和 $\beta-O-4$ 醚键的裂解，并增加半纤维素的溶解度。超声波还能够裂解纤维素中的氢键，降低其结晶度，增加纤维素的比表面积，从而提高纤维素的酶解效率。除了分解复杂的木质纤维素结构外，超声波还改善了传质过程，增加了纤维素酶对底物的可及性（图 3-8）。因此，超声波预处理能够增强溶剂和热量对细胞的渗透，促进传热和传质过程。此外，超声波还可以将酶的聚合物分散，使其更好地与底物接触，提高酶与底物的特异性吸附，并将其高效转化为相应的单体分子，从而更有利于后续的高值化利用过程。

超声波预处理是一种快速预处理方法，可以显著缩短水解时间（缩短 80%），从而提高整个生物质的转化效率。溶剂的选择对于获得所需结果至关重要，其中包括无机酸、碱、离子液体或有机溶剂。影响超声预处理效率的主要因素包括超声处理频率、功率、溶剂类型、溶解气体类型、反应器几何形

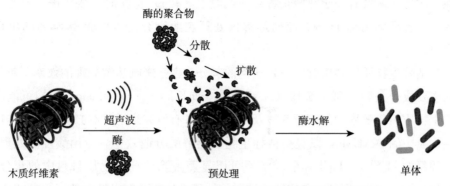

图 3-8 使用超声处理防止木质纤维素酶团聚和解聚的机制

状、搅拌速度和超声处理持续时间等。超声预处理的效率也在很大程度上取决于所使用生物质的性质。虽然超声预处理可以提供令人满意的秸秆生物质完全分解结果，但其效率无法与酸、碱、ILs 和 DESs 的组合预处理相媲美。因此，超声预处理需要与其他方法相结合，以显著提高木质素去除率和酶糖化效率。例如，超声联合稀酸预处理甘蔗渣，糖含量为 43.9g/L，总糖浓度增加了29.5%[40]。此外，超声与碳酸氢铵在 42℃、固液比 1∶12 等最佳条件下，预处理玉米秸秆 11min，糖化率为 82.61%，与 CK 相比显著提高了 355%[38]。

目前，已有多项研究报道了低频超声处理秸秆生物质的效果，而高频超声预处理秸秆生物质需要进一步探索。此外，超声波处理在将秸秆生物质原料转化为可发酵糖方面具有巨大潜力，与传统的绿色方法（如微波处理）和绿色溶剂（如 SCFs、ILs、DESs、生物催化剂）相结合，超声波处理将展现出比单一预处理方法更高的有效性。

3.4.4 热解预处理

热化学处理根据操作温度可分为热解和气化。热解是指生物质的热化学分解，纤维素在加热到 300℃以上时会迅速分解成氢气、一氧化碳和焦炭状残渣（残炭）。而在较低的温度下，纤维素的分解速度比较慢，形成的挥发性产物较低，残碳化合物主要是葡萄糖。在水和弱酸性条件下进行预处理，可以作为微生物生长发酵成乙醇或油脂的底物。如弱酸（稀 H_2SO_4）在 97℃下预处理纤维素 2.5h，获得了 80%～85%的纤维素转化率[41]。热解预处理可以破坏生物质的纤维素结构，增加其热值和疏水性，以提高生物质在储存过程中的热稳定性。此外，氧气有助于热解过程。在低温下，有 O_2 存在时，热解预处理的效率可以提高。用稀 H_2SO_4 辅助热解预处理农业废弃物，可获得 85％ 的单糖产率。

秸秆生物质原料中含有一定比例的灰分，也会影响热解处理的效率。灰分的主要成分是碱和碱土金属（AAEMs），如 K、Ca、Na 和 Mg，它们可能影响生物质转化效率和热解行为以及质量平衡。有研究报道，有必要去除或钝化生物质中的 AAEMs，以提高秸秆生物质热解的分馏效率。应用酸浸泡处理，如稀释的 H_2SO_4、HCl 和醋酸溶液可以显著去除秸秆生物质材料中的灰分。例如，用 $FeSO_4$ - H_2O_2 在酸性条件下预处理玉米芯，与未处理的玉米芯相比，葡聚糖产量显著提高到了 95％，原因是高效去除了 AAEMs[42]。因此，为了获得最佳的可发酵糖产量，可以在热解前先在秸秆生物质原料中添加特定的酸溶液。

热解处理被广泛应用于秸秆生物质预处理，它是一种吸热过程，能够减少能量的输入。热解的类型、反应条件和生物质材料特征均会影响目标产物的产量和分布。例如，不同温度下热解预处理坚果壳，可以改变其物理和化学特性。在生物精炼过程中，通常通过热解预处理木质纤维素来生产生物油。

3.4.5 机械预处理

机械预处理方法，如挤压和碾磨，被视为传统的预处理技术，可以显著改变秸秆生物质的颗粒大小。通过减小粒径，降低纤维素结晶度和聚合度，增加比表面积，进一步促进糖化发酵过程，可使总糖产量提高 5％～25％。机械粉碎方法可以使预处理过程更加便利和高效，但通常需要与其他预处理技术联合使用，因为单独使用机械粉碎方法难以实现对秸秆生物质的高效转化和利用。挤压预处理是一个连续过程，具有许多优点，例如反应时间更短、成本更低、固体负载更高、更容易控制、条件适中、未形成发酵抑制剂、不需要添加剂和环境友好等。双螺杆挤压预处理玉米秸秆，通过改变粒径分布和空间结构，预处理后进行酶消化，获得了 45g/L 葡萄糖和 40g/L 木糖[38]。此外，使用双螺杆挤出机从玉米秸秆中回收糖，当含水率为 27.5％、螺杆转速为 80r/min、酶用量为 0.028g/g 时，葡萄糖和木糖的回收率分别为 48.79％ 和 24.98％，是未经处理的玉米秸秆的 2.2 倍和 6.6 倍。而在不同温度（25℃、50℃、75℃、

100℃和 125℃）和不同螺杆转速（25r/min、50r/min、75r/min、100r/min 和 125r/min）下预处理玉米芯时，如在 75r/min 和 125℃下，纤维素酶和 β-葡萄糖苷酶以 1∶4 的比例获得 75%葡萄糖和 49%木糖，分别比对照组高出了 2.0 倍和 1.7 倍。这表明预处理工艺条件和酶浓度的优化对糖的回收具有协同效应。

碾磨包括削屑和磨削，用于减小生物质颗粒的尺寸。通过将生物质粉碎成碎片，可以有效地提高生物质的利用效率。研磨通过增加堆积密度和表面积与体积比来改善颗粒大小。干磨和湿磨是通过应用球磨或盘磨元件来实现的不同处理方法。湿法碾磨预处理秸秆生物质的效率高于干法碾磨。研磨元件的数量、尺寸以及生物质原料的粒径是最重要的影响因素。削屑可以将秸秆的尺寸减小到 10～30mm，而研磨可以减小到 0.2mm，这有利于提高酶解效率和糖的产量。铣削技术可根据材料类型进行分类，例如球、锤、双辊、圆盘和胶体铣削等。该方法的主要缺点是能源消耗较高，因此增加了资本投入和运营成本。

机械粉碎预处理通常作为其他预处理技术的前处理步骤，旨在促使秸秆生物质的三大组分分离，以进一步实现转化和利用。研究发现，机械预处理对各种秸秆生物质中的木质素和半纤维素的去除效果显著。当与其他处理方法结合使用时，机械预处理表现出更好的性能，可以进一步提高可发酵糖的产量。例如，与碱性试剂［如 NaOH、Ca（OH）$_2$、KOH 和 NH$_3$·H$_2$O］、无机酸（如 H$_3$PO$_4$、HCl、H$_2$SO$_4$ 和 HNO$_3$）和有机酸（如 CH$_3$COOH 和 HCOOH）的酸性条件相结合，可以提高木质素的去除率和纤维素的酶解率。

3.5　秸秆生物质的生物预处理

上述预处理技术的缺点包括需要昂贵的设备、大量的能源消耗，以及有毒有害的化学物质等，会导致成本提高、能源消耗和环境污染。与此形成鲜明对比的是，生物预处理可以克服这些缺点，具有木质素去除率高、成本低、无污染、预处理条件温和、预处理工艺简单等优点，受到了越来越多的关注。生物预处理是利用微生物（如真菌、细菌和放线菌）或生物基产物（如酶）选择性地分离木质素、半纤维素和纤维素，以提高纤维素的酶解效率。

3.5.1 真菌预处理

真菌包括白腐真菌、褐腐真菌和软腐真菌，可以分泌木质素过氧化物酶、锰过氧化物酶和漆酶来有效降解木质素。其中，白腐真菌预处理是真菌处理的最佳方法，在酶的作用下可以显著降解木质素。因此，白腐病真菌预处理在真菌处理中起着重要作用。木质素通过白腐真菌完全降解为 CO_2，显示出良好的木质素去除性能。此外，不同属种和品系的白腐真菌表现出不同的木质素去除率。通常白腐真菌和软腐病真菌主要作用于木质素，而白腐真菌、褐腐真菌和软腐真菌主要作用于纤维素。

目前已有大量研究使用多种白腐真菌对不同的秸秆生物质进行预处理，并显示出出色的脱木质素效率。例如，用 19 种白腐菌预处理小麦秸秆 35d，还原糖含量为 35%，而未经处理的小麦秸秆仅能产生 12% 的还原糖。此外，还研究了 5 种不同真菌在小麦秸秆预处理中的应用，结果显示 *Aspergillus niger* 和 *Aspergillus awamori* 的预处理效果最佳，能够产生最高的总糖产率。目前，许多微生物需要通过基因工程技术来提高其脱木质素的能力。例如，酿酒酵母（*Saccharomyces cerevisiae*）和大肠杆菌（*Escherichia coli*）已被应用于木质纤维素生物质的预处理。用 *Trametes versicolor* 对小麦、黑麦和大麦进行预处理，获得了 80% 的纤维素降解率。此外，用 *Ceriporiopsis subvermispora* 预处理小麦秸秆 70d，与未处理的样品相比，纤维素酶消化率和可发酵糖含量分别提高了 60% 和 44%[43]。

尽管秸秆生物质的生物处理可以提高糖化效率，但需要较长的反应时间。例如，使用白腐菌 *Irpex lacteus* 预处理玉米秸秆 42d，获得 43.8% 的木质素去除率，糖化效率比未处理的玉米秸秆高 7 倍[44]。小麦秸秆用 *Ceriporiopsis subvermispora* 预处理 70d，产糖率高达 44%[43]。一种增强预处理效率的新策略是利用降解木聚糖的微生物来替代传统的去除木质素的真菌预处理。例如，使用不含纤维素酶的产芽孢杆菌（*Bacillus firmus K-1*）及其酶对水稻秸秆进行预处理，结果显示，与未处理的水稻秸秆相比，去除了 21% 的木质素，转化了 74% 的葡聚糖，纤维素结晶度指数和孔隙率显著提高[45]。

3.5.2 细菌预处理

细菌在降低木质纤维素的聚合和提高纤维素酶解效率等方面具有潜力，因为它们是酶的有效生产者。芽孢杆菌广泛存在于土壤中，能够分泌纤维素酶和过氧化物酶，从而降解纤维素和木质素。Xu 等[46]在微需氧条件下用枯草芽孢杆菌预处理玉米秸秆 24h，最大纤维素酶活性为 0.18U/(ml·min)，过氧化物酶活性为 4.24U/(ml·min)，木质素的降解率为 23%，纤维素结晶度降低了4.1%。在纤维素溶解细菌东方醋酸杆菌处理香蕉残留物时，纤维素酶解率为76.24%，与对照相比，提高了 46.08%[47]。因此，多种细菌通常表现出良好的秸秆生物质预处理能力。

3.5.3　白蚁预处理

白蚁是地球上最天然的木质纤维素分解生物之一。Brune[48]研究了白蚁的肠道微生物群落，发现有多种木质纤维素分解微生物可以分泌高效的木质纤维素降解酶。Li 等[49]还证明，在 27℃条件下，白蚁对杨木进行 45d 的预处理，可以显著减小杨木颗粒的大小并打破其结构，最终木质素降解率达到 60%。小麦秸秆由四种不同种类的白蚁（*Microcerotermes parvus*，*Termes hospes*，*Nasutitermes ephratae* 和 *N. lujae*）处理 20d，纤维素、半纤维素和木质素的降解分别达到 28%~47%、12.5%~23.1% 和 7%~32%[50]。然而，由于获取白蚁肠道微生物的难度较大，白蚁预处理的应用仍然有限。

综上所述，真菌预处理需要较长的时间（数周或数月），而细菌预处理在较短的时间（几个小时）就可以完成。目前，已有许多细菌，如梭状芽孢杆菌属（*Clostridium* sp.）、芽孢杆菌属（*Bacillus* sp.）、链霉菌属（*Streptomyces* sp.）、热单孢子菌属（*Thermomonospora* sp.）、纤维素单胞菌属（*Cellulomonas* sp.）广泛用于秸秆生物质预处理。虽然生物处理具有较高的糖化效率和环保性，但也存在一些缺点，特别是预处理周期长严重影响了预处理的效率。因此，通过与化学和物理预处理技术相结合，可以缩短预处理时间。此外，尽管生物预处理已经取得了一定的成果，但其机理仍然不完全清楚，因为微生物的结构非常复杂，需要进一步研究微生物预处理的作用机理。

3.6　秸秆生物质的联合预处理

3.6.1　Sc-CO$_2$ 处理联合其他预处理方法

利用单一的方法来预处理秸秆生物质面临技术问题、环境污染、能量输入较高、反应时间较长、设备腐蚀严重、难以实现产业化等诸多挑战。许多研究报道物理、化学和生物预处理联合应用比单一预处理方法更有效，因为联合预处理显示了对秸秆生物质转化和酶水解的协同作用。Sc-CO$_2$ 预处理与超声、碱性双氧水、氨爆炸、蒸汽爆炸、酶解等方法相结合，可提高纤维素水解效率和可发酵糖的产量[5]。例如，将含水量为 50％的玉米芯和玉米秸秆碾磨成 0.39～0.83mm 的颗粒，然后分别用 Sc-CO$_2$ 进行预处理和 Sc-CO$_2$/超声联合预处理，选择不同的预处理温度（120～170℃）、时间（0.5～4h）和压力（15～25MPa）。结果表明，Sc-CO$_2$ 单独处理玉米芯和玉米秸秆的总还原糖产量分别提高了 50％和 29.8％，而联合预处理总还原糖产量分别增加了 75％和 13.4％[51]，说明 Sc-CO$_2$/超声联合预处理显著提高了预处理效率。总体而言，反应温度、预处理时间、含水量、压力和生物质负载等都会影响 Sc-CO$_2$ 的预处理效率。Sc-CO$_2$ 预处理与酶转化相结合的预处理技术，因其反应温度低和所需的溶剂绿色安全而越来越受关注。为了提高可发酵糖产量和木质素分馏等预处理效率，还可用助溶剂（乙醇）来辅助 Sc-CO$_2$ 预处理。秸秆生物质原料中存在的水与 CO$_2$ 在临界条件下偶联，原位生成的碳酸对生物质分馏、糖化和发酵具有显著的促进作用。因此，Sc-CO$_2$ 处理是一种非常有前途的秸秆生物质预处理方法，特别是与最新或尖端的技术相结合时将会有更大的应用前景[5]。

3.6.2　蒸汽爆炸（SE）处理联合其他预处理方法

SE 处理只能降解部分半纤维素，无法显著提高木质素的分馏效率。因此，为了提高秸秆生物质中三大组分的分馏效率，SE 预处理需要与其他预处理方法相结合。SE 预处理结合 LHW、ILs、Sc-CO$_2$、SO$_2$-浸渍、湿法氧化、碱性过氧化物和超细研磨等方法的联合应用，不仅可以提高半纤维素降解率和木质素的去除率，还可以提高纤维素的酶解率和增加可发酵糖的产量。例如，使用湿法爆炸联合 SE（200～220℃、1.5～2.2MPa）和碱性过氧化氢（2％ H$_2$O$_2$、50℃、5h、pH 11.5）预处理小麦秸秆，可以获得 70％的纤维素回收率和 68％的半纤维素去除率，同时提取了 92％～99％的木质素；使用 SO$_2$-浸渍和 SE 预处理玉米秸秆，得到了 89％的葡萄糖和 78％的木糖[41]。SE 联合鲍氏针层孔菌（*Phellinus baumii*）在 1.7MPa 下预处理玉米秸秆 21d，获得了 313.31g/kg 的葡萄糖，相比于未处理的玉米秸秆和单独使用 1.7MPa SE 预处

理，分别提高了 2.88 倍和 1.32 倍[52]。此外，在 168℃下，用 SE 与乙酰溶剂
[使用 93%（w/w）乙酸和 0.3%（w/w）的盐酸作为催化剂，在 115℃回流
180min 的条件下，对原料或爆炸后的生物质进行乙酰溶解] 联合预处理甘蔗
渣 10min，与未处理的甘蔗渣相比，木质素产量提高了约 17%[53]。

总体而言，SE 预处理具有总固体含量高、回收效率高、纤维素分馏率高、
环境污染小、成本低和产业化可行性等众多优点，已成为一种优异的预处理技
术。因此，它被认为是一种最有前途的预处理技术，可以与其他方法相结合
应用。

3.6.3　生物处理联合其他预处理方法

生物处理与物理或化学处理结合的方法也有报道。与单一的预处理方法相
比，主要优点是将生物处理（如真菌处理）与其他预处理方法相结合可以减少
预处理的时间并提高酶水解效率。例如，*Populus tomentosa* 与 LHW 联合预
处理可以获得 92.33% 的半纤维素去除率，葡萄糖的产率是单独使用 LHW 预
处理的 2.66 倍[54]。此外，研究还发现使用白腐真菌（*Populus ostreatus*）联
合 AFEX 处理水稻秸秆获得了更高含量的可发酵糖。由于细菌在降解木质素
和增加酶消化方面表现出较高的效率，因此选择细菌处理与其他方法结合使用
将具有较好的预处理效果。例如，使用细菌（*Cupriavidus basilensis* B-8）
与稀酸（H_2SO_4）联合预处理，与单纯稀酸处理相比，酶消化率提高了
70%[55]。此外，通过将 *Populus ostreatus* 用于预处理水稻壳 18d，并联合用
2% 过氧化氢预处理 48h，其预处理效率高于用 *Populus ostreatus* 预处理 60d，
表明联合预处理比单一真菌处理更有效[54]。此外，在固定床反应器中，通过
使用 *Pleurotus ostreatus* 与热解进行预处理小麦秸秆，显著提高了小麦秸秆的
木质素去除率和可发酵糖产率，说明对秸秆生物质进行真菌预处理联合热解也
可以提高木质素去除率和纤维素保留率以及酶解率。

3.6.4　微波处理联合其他预处理方法

微波与其他预处理方法（如碱、稀酸和 DESs 等）的联合应用能够显著去
除秸秆生物质中的半纤维素和木质素，并提高纤维素的酶解率。例如，使用微
波与碱联合预处理小麦秸秆可以提高处理效率，缩短反应时间，并提高木质素
去除率。用 1% NaOH 和酸化水在 121℃、0.1MPa 下预处理水稻秸秆 30min，

可以得到80%的纤维素和65%的木质素[12]。Zhu 等[7]研究了微波辅助碱预处理小麦秸秆对其酶解效率的影响。结果显示，与传统的碱预处理相比，联合预处理方法去除了更多的木质素和半纤维素，并提高了纤维素酶的可及性。在另一种两阶段微波辅助 NaOH 预处理多穗狼尾草的策略中，在固液比为 1∶15，用3%（w/v）NaOH，在120℃条件下预处理 10min，去除了85%的木质素。在第二步中，微波辅助1% H_2SO_4 在200℃下预处理5min，从每100g 干生物质中获得了34.3g±1.3g 可发酵糖。此外，用稀硫酸（0.6% H_2SO_4）在微波的辅助下预处理甘蔗秸秆，提高了可发酵糖的产量，最大限度地减少了发酵抑制剂的浓度，并缩短了预处理的时间[56]。微波辅助2.5% HCl 预处理废高粱叶，从中获得高附加值产品，如多种还原糖（9.13g/L）、糠醛（240.80ng/g）、乙酸（186.26ng/g）、五羟甲基糠醛（19.20ng/g）和苯酚（7.76ng/g）等。Mikulski 等还观察到，微波辐射（300W）辅助稀酸和纤维素溶解酶预处理小麦和黑麦秸秆15min，获得了高含量的葡萄糖浓度为156mg/g（干重）[7]。此外，将微波处理（360W，8min）与 DES（氯化胆碱∶甲酸＝1∶3）相结合对小麦秸秆进行预处理，获得的最大总糖含量619mg/g 是单独应用 DES 预处理的两倍[57]。

3.6.5 超声处理联合其他预处理方法

超声波在最新的应用中被广泛探索作为一种有效的绿色工具，用于增强传统预处理方法，如超声波辅助酸、碱、离子液体和有机溶剂等，用于秸秆生物质的分馏。一项研究对甘蔗渣进行了超声波辅助碱预处理，结果显示，纤维素和半纤维素的回收率分别约为99%和79%，而木质素的去除率为75.44%。此外，还实现了高糖回收率，己糖回收率达到69%，戊糖回收率达到81%。在55℃下对甘蔗渣进行 100W 超声照射2h，实现了近90%的半纤维素和木质素的去除率。另外，还研究了使用 120W 超声辅助酸预处理甘蔗渣3min，糖产量达到26.01g/L，相当于理论产量的95%[7]。Subhedar 等[58]在100W 超声功率下以0.5%（w/v）的生物质负载量对椰子壳、花生壳和开心果壳辅助碱水解处理70min，结果显示脱木质素率增加了80%～100%。与常规碱水解相比，在超声辅助水解中，花生壳、开心果壳和椰壳的糖回收率分别从10.2g/L、8.1g/L 和12.1g/L 提高到21.3g/L、18.4g/L 和23.9g/L。此外，使用氯化胆碱∶乳酸＝1∶5 联合超声波（60%的功率，210W）在50℃下预处理油棕空果串 30min，获得了 30％的还原糖产率[59]。在另一项研究中，超声波［20kHz（60W）和 40kHz（60W）30min］和微波（120℃，1min）与 DES（氯化胆碱：草酸：甘油＝2：2：1）联合预处理玉米秸秆，得到了 61.5％木质素、90.3％半纤维素和 76.1％纤维素[60]。超声波和微波可以最大限度地激发 DES 的离子特性，提高其分子极性，同时保持较低温度和较短的预处理时间。研究发现，在温和的条件下利用微波或者超声波可以提高预处理的效率，但是木质素的去除率会相对降低。因此，平衡预处理条件的苛刻性与半纤维素、纤维素和木质素分离的有效性仍然是联合预处理中面临的重要挑战。

综上所述，与单独的物理、化学或生物预处理方法相比，采用联合预处理可以有效打破秸秆生物质的天然顽固结构，裂解木质素碳水化合物复合物中的醚键和酯键，快速高效地分离纤维素、半纤维素和木质素，并显著提高三组分的转化利用效率。然而，不同秸秆的三大组分含量显示出明显的差异。因此，秸秆生物质预处理和糖化效率与秸秆的种类密切相关。为了达到最佳的预处理效果，应根据秸秆的不同种类来选择合适的预处理方法。目前，没有一种单一的预处理技术能够完全实现生物质的经济、环保和高效处理。尽管联合预处理取得了一些令人满意的结果，但仍然需要进一步探索和开发绿色、经济的联合处理方法，以充分挖掘其潜力并实现高效的秸秆生物质的预处理和转化利用。

3.7　秸秆生物质不同预处理方法的优缺点

利用秸秆生物质生产有价值的化学品和生物燃料涉及多个关键过程，包括预处理、糖化、发酵和进一步转化，同时需要将木质素与固体残留物分离并纯化为目标产品。只有有效打破生物质的天然顽固结构，才能充分利用秸秆生物质中的多糖和木质素。影响预处理效率的因素包括生物质的类型、不同的反应器以及不同的反应条件。秸秆生物质的转化是一个复杂且具有挑战性的过程，通过在预处理后进行糖化和发酵，可以获得 90％的总糖产率，而在没有任何预处理的情况下，只能获得低于 20％的总糖产率。因此，选择合适的预处理方法至关重要，而不同的预处理方法具有各自的优缺点，如表 3-4所示。

表 3-4　不同预处理方法的优缺点

预处理方法		优点	缺点
化学预处理	CO_2 爆炸预处理	低成本，低温，高固体负载，提高可及性和比表面积，不形成有毒发酵抑制剂	压力大，对设备要求高
	氧化预处理	有效去除木质素、环保、低含量副产物	成本高，溶剂难以分离
	蒸汽爆破预处理	不使用化学品，用水量少，成本低，低能量，对环境污染小	高温高压，木质素发生缩合反应，低糖含量，产生发酵抑制剂，反应器要求严苛
	超临界流体预处理	采用绿色溶剂，不降解糖类，适用于移动式生物质处理	高成本
	SO_2 爆炸预处理	半纤维素的增溶效果好，部分纤维素水解，需要低温	反应过程中会形成硫酸，对设备要求严格，会产生发酵抑制剂
	氨纤维爆炸	有效地去除木质素，提高酶的可及性，减少发酵抑制剂的形成，需要更少的酶	分离和回收成本高，对木质素含量高的生物质预处理效率不高
	液体热水	不需要添加化学品或催化剂，获得高产率的糖，不需要洗涤、回收和解毒	能耗高
	碱预处理	低温和低压，低碳水化合物降解，低腐蚀，木质素去除率高，低成本	处理时间长，生成的盐需要中和回收，能耗高
	酸预处理	提高了纤维素的酶消化率，稀酸成本低，效果好，不需要回收酸	高毒性，腐蚀性强，产生发酵抑制剂，酸回收困难，存在环境问题
	离子液体预处理	能耗少，操作方便，可进行中试规模	高毒，高黏度，回收和再循环成本高
	低共熔溶剂	绿色，可生物降解，生物相容性好，可调控，易制备，可回收，原子经济性高	吸湿性、不稳定性和部分低共熔溶剂具有高黏度
	天然低共熔溶剂	由一定的天然化合物组成，绿色无毒，对环境友好	高黏度
	有机溶剂预处理	水解半纤维素和木质素，得到高纯度的木质素	回收再利用成本高，发酵抑制剂含量高，对环境不友好，生物质回收率低
	亚硫酸盐预处理	去除木质素，节能	减小生物质的尺寸

（续）

预处理方法		优点	缺点
物理预处理	微波预处理	时间短，节能，操作简单，无污染，可选择性降解半纤维素和木质素	成本高，反应时间长，生产速度慢
	电子束辐射	主要对纤维素解聚有效，提高比表面积，不形成发酵抑制剂，性价比高	不影响半纤维素和木质素，压力高，效率低
	超声波预处理	提高纤维素的可及性	对酶水解有负面影响
	热解预处理	快速降解纤维素	成本高，产量低
	高能电子辐射预处理	降低纤维素聚合度	成本高
	机械粉碎	降低纤维素结晶度和粒度，不形成发酵抑制剂	不能脱除半纤维素和木质素，能量高，转化效率低
生物预处理		选择性降解半纤维素和木质素，能量投入低，不添加催化剂或化学品，绿色	预处理时间长，反应过程慢，下游产量低，对发酵抑制剂的敏感性高
联合预处理		集成了单一预处理的优点，提高了预处理效率	需要克服每种单一预处理方法的缺点

目前，生物、物理和化学等多种预处理方法显著提高了秸秆生物质中多糖转化生成可发酵糖的产量。上述预处理方法之间存在一些联系和区别。首先，这些方法通过改变秸秆生物质的粒径、结构和化学成分来打破其天然的顽固性，以提高半纤维素、纤维素和木质素三大组分的有效分离和利用。例如，生物预处理具有成本效益、环保和秸秆材料高降解效率等特点，但预处理的时间较长。物理预处理方法对提高发酵、糖化和水解的效率以及有价值的有机化学物质的形成有积极影响，同时还可以减少发酵和水解过程中抑制剂的产生。化学预处理（如酸、碱、有机溶剂和离子液体）不仅可以有效地破坏秸秆中半纤维素、纤维素与木质素之间的醚键和酯键，从而打破其天然的顽固结构，而且预处理的时间相对较短，表现出优异的转化利用效率，但是会产生发酵抑制剂。

其次，这些预处理方法具有各自独特的特点。生物预处理方法通过微生物利用酶或化学方法分解木质素，以促进木质纤维素材料的糖化过程。其中，白腐真菌是最常见的微生物，已经报道了51种可用的白腐担子菌。物理预处理方法主要通过减小原料尺寸、聚合度和纤维素的结晶度来提高效果。物理预处理方法包括挤压、研磨和超声处理等。其中，挤压是一种常用的方法，可与其他技术相结合以提高预处理效率。在化学预处理方法中，稀酸和碱预处理被广泛采用。稀酸预处理对木质素含量较低的秸秆生物质具有较好的预处理效果。有机溶剂处理可完全溶解半纤维素并提取木质素，尽管该方法效果显著，但其需要额外的步骤进行溶剂回收，增加了预处理成本。氧化预处理是另一种化学预处理方法，然而，由于成本和能源消耗较高，其应用并不常见。与物理预处理相比，化学预处理中的蒸汽爆炸预处理能够降低能耗达 70%。此外，蒸汽爆炸预处理可使半纤维素原位水解并生成酸，从而进一步降解半纤维素和木质素。然而，反应器设备的设计仍需要进一步优化。氨纤维爆炸方法与蒸汽爆炸类似，但其主要挑战是氨的成本和回收问题。热水预处理方法不使用任何化学品，也无须应用防腐反应器，但会产生少量的有毒发酵抑制剂。

一般来说，生物预处理生产可发酵糖时在可持续性和环保性方面表现较好，但其需要的时间较长。相比之下，化学预处理技术如无机酸（如硫酸）预处理在经济上更具可行性，并且化学预处理具有很高的效率，但其会导致环境污染，并且需要严苛的反应器设备、高成本和高能量输入。单一的物理预处理方法由于成本高和能量投入大，很难实现商业化。联合预处理技术在效率和可持续性方面优于其他单一方法，因此，深入研究联合处理方法，充分发挥其优势和潜力，是未来预处理方法研究的重点和趋势。

3.8　结论与展望

化石储量的逐渐枯竭和不断增长的能源需求增加了人们对具有成本效益的可再生和清洁能源的需求。秸秆生物质中的纤维素、半纤维素和木质素可以用来生产生物燃料、生物活性材料、医药用品、食品调味剂和包装材料等多种工业产品。秸秆生物质资源储量丰富、可再生，但由于其天然的顽固结构和异质结构阻碍了利用秸秆生物质资源开发循环经济和生态友好的大规模生物精炼，进而成为促进经济发展和环境保护的主要问题。有效的预处理方法能解决上述难题。当前的预处理方法仍然面临着一些挑战，故需要不断地探索提高三大组分有效分离和利用的新方法，以促进新能源领域完全去化石燃料化和 100% 生物质转化为增值产品。针对这一目标，在今后的秸秆生物质预处理中，建议从以下几个方面发展：

（1）加强对木质纤维素生物质结构和分子水平的基础研究，并开发不同的预处理方法来破坏生物质的天然顽固结构，进一步提高三大组分的分离和利用效率。此外，预处理方法不仅应关注纤维素酶的消化、糖的产率和木质素的表观指标等，还应该研究在反应过程中涉及的物理、化学或生物机制，更加深入地阐明预处理的作用机理。

（2）每种预处理方法都有其独特的特性，并被用于某种特定的生物质。所报道的预处理技术仅表明它只是一种适用于某一特定生物质的方法，而不是所有的生物质。因此，对于秸秆预处理有必要根据其结构和组成来开发量身定制的预处理工艺。

（3）在整个预处理过程中对预处理原料中未知的发酵抑制剂成分进行详细识别和表征，以降低预处理、发酵系统和反应器配置的费用。优化预处理方法可以提高糖化发酵相结合的效率，重点关注商业规模生物精炼的高效可行性。最重要的是，预处理方法应在能源输入和环保工艺方面进行优化。

（4）计算工具在自动分析化学过程和快速确定最佳实验方法方面变得越来越有前途和吸引力。因此，应用计算工具构建过程建模和模拟以优化生物质预处理过程的经济效率非常重要，例如，热解过程动力学模型、木聚糖降解动力学、酶水解效率的优化、建模物料平衡、反应温度以及预处理时间等。

（5）新型分离技术的研发还在不断进行，针对秸秆中的纤维素、半纤维素和木质素等组分，需要开发更加高效的分离技术，以提高分离效率和纯度。例如，可以在非电离和电离辐射、高压和脉冲电场等新方法的应用中探索降低能耗和提高分离效果的新方式。

参 考 文 献

[1] Kim I，Han J I. Optimization of alkaline pretreatment conditions for enhancing glucose yield of rice straw by response surface methodology. Biomass and Bioenergy，2012，46：210 - 217.

[2] Zhong W Z，Zhang Z Z，Luo Y J，et al. Effect of biological pretreatments in enhancing corn straw biogas production. Bioresource Technology，2011，102 (24)：11177 - 11182.

[3] Zeng X Y，Ma Y T，Ma L R. Utilization of straw in biomass energy in China. Renewable and Sustainable Energy Reviews，2007，11 (5)：976 - 987.

[4] Singh R, Srivastava M, Shukla A. Environmental sustainability of bioethanol production from rice straw in India: A review. Renewable and Sustainable Energy Reviews, 2016, 54: 202 – 216.

[5] Tan J Y, Li Y, Tan X, et al. Advances in pretreatment of straw biomass for sugar production. Frontiers in Chemistry, 2021, 9: 696030.

[6] Yildirim O, Ozkaya B, Altinbas M, et al. Statistical optimization of dilute acid pretreatment of lignocellulosic biomass by response surface methodology to obtain fermentable sugars for bioethanol production. International Journal of Energy Research, 2021, 45 (6): 8882 – 8899.

[7] Mankar A R, Pandey A, Modak A, et al. Pretreatment of lignocellulosic biomass: A review on recent advances. Bioresource Technology, 2021, 334: 125235.

[8] Md. Azizul H, Dhirendra Nath B, Tae Ho K, et al. Effect of dilute alkali on structural features and enzymatic hydrolysis of barley straw (Hordeum vulgare) at boiling temperature with low residence time. Journal of Microbiology and Biotechnology, 2012, 22 (12): 1681 – 1691.

[9] Yuan Z Y, Wen Y B, Li G D. Production of bioethanol and value added compounds from wheat straw through combined alkaline/alkaline-peroxide pretreatment. Bioresource Technology, 2018, 259: 228 – 236.

[10] Nosratpour M J, Karimi K, Sadeghi M. Improvement of ethanol and biogas production from sugarcane bagasse using sodium alkaline pretreatments. Journal of Environmental Management, 2018, 226: 329 – 339.

[11] Kim S B, Lee S J, Jang E J, et al. Sugar recovery from rice straw by dilute acid pretreatment. Journal of Industrial and Engineering Chemistry, 2012, 18 (1): 183 – 187.

[12] Samar W, Arora A, Sharma A, et al. Material flow of cellulose in rice straw to ethanol and lignin recovery by NaOH pretreatment coupled with acid washing. Biomass Conversion and Biorefinery, 2023, 13 (3): 2233 – 2242.

[13] Dong L L, Cao G L, Zhao L, et al. Alkali/urea pretreatment of rice straw at low temperature for enhanced biological hydrogen production. Bioresource Technology, 2018, 267: 71 – 76.

[14] Zhang Z Y, O'Hara L M, Doherty W O S. Effects of pH on pretreatment of sugarcane bagasse using aqueous imidazolium ionic liquids. Green Chemistry, 2013, 15 (2): 431 – 438.

[15] Abbott A P, Capper G, Davies D L, et al. Novel solvent properties of choline chloride/urea mixtures. Chemical. Communications, 2003 (1): 70 – 71.

[16] Francisco M, van den Bruinhorst A, Kroon M C. New natural and renewable low transition temperature mixtures (LTTMs): screening as solvents for lignocellulosic biomass processing. Green Chemistry, 2012, 14 (8): 2153-2157.

[17] Ravindran R, Desmond C, Jaiswal S, et al. Optimisation of organosolv pretreatment for the extraction of polyphenols from spent coffee waste and subsequent recovery of fermentable sugars. Bioresource Technology Reports, 2018, 3: 7-14.

[18] Salapa I, Katsimpouras C, Topakas E, et al. Organosolv pretreatment of wheat straw for efficient ethanol production using various solvents. Biomass and Bioenergy, 2017, 100: 10-16.

[19] Sun F B, Chen H Z. Enhanced enzymatic hydrolysis of wheat straw by aqueous glycerol pretreatment. Bioresource Technology, 2008, 99 (14): 6156-6161.

[20] Tang C L, Shan J Q, Chen Y J, et al. Organic amine catalytic organosolv pretreatment of corn stover for enzymatic saccharification and high-quality lignin. Bioresource Technology, 2017, 232: 222-228.

[21] Kumar A K, Sharma S. Recent updates on different methods of pretreatment of lignocellulosic feedstocks: a review. Bioresources and Bioprocessing, 2017, 4 (7): 2-19.

[22] Qi G X, Xiong L, Tian L L, et al. Ammonium sulfite pretreatment of wheat straw for efficient enzymatic saccharification. Sustainable Energy Technologies and Assessments, 2018, 29: 12-18.

[23] Zhao L, Sun Z F, Zhang C C, et al. Advances in pretreatment of lignocellulosic biomass for bioenergy production: Challenges and perspectives. Bioresource Technology, 2022, 343: 126123.

[24] Talebnia F, Karakashev D, Angelidaki I. Production of bioethanol from wheat straw: An overview on pretreatment, hydrolysis and fermentation. Bioresource Technology, 2010, 101 (13): 4744-4753.

[25] Santos L C, Adarme O F H, Baêta B E L, et al. Production of biogas (methane and hydrogen) from anaerobic digestion of hemicellulosic hydrolysate generated in the oxidative pretreatment of coffee husks. Bioresource Technology, 2018, 263: 601-612.

[26] Zhou J, Yan B H, Wang Y, et al. Effect of steam explosion pretreatment on the anaerobic digestion of rice straw. RSC Advances, 2016, 6 (91): 88417-88425.

[27] Min D Y, Xu R S, Hou Z, et al. Minimizing inhibitors during pretreatment while maximizing sugar production in enzymatic hydrolysis through a two-stage hydrothermal pretreatment. Cellulose, 2015, 22 (2): 1253-1261.

[28] Lü H S, Shi X F, Li Y H, et al. Multi-objective regulation in autohydrolysis process

of corn stover by liquid hot water pretreatment. Chinese Journal of Chemical Engineering, 2017, 25 (4): 499 – 506.

[29] Wan C X, Zhou Y G, Li Y B. Liquid hot water and alkaline pretreatment of soybean straw for improving cellulose digestibility. Bioresource Technology, 2011, 102 (10): 6254 – 6259.

[30] Wells J M, Drielak E, Surendra K C, et al. Hot water pretreatment of lignocellulosic biomass: Modeling the effects of temperature, enzyme and biomass loadings on sugar yield. Bioresource Technology, 2020, 300: 122 593.

[31] Narayanaswamy N, Faik A, Goetz D J, et al. Supercritical carbon dioxide pretreatment of corn stover and switchgrass for lignocellulosic ethanol production. Bioresource Technology, 2011, 102 (13): 6995 – 7000.

[32] Li H, Wu H G, Yu Z Z, et al. CO_2-enabled biomass fractionation/depolymerization: A highly versatile pre-step for downstream processing. ChemSusChem, 2020, 13 (14): 3565 – 3582.

[33] Martínez C M, Cantero D A, Cocero M J. Production of saccharides from sugar beet pulp by ultrafast hydrolysis in supercritical water. Journal of Cleaner Production, 2018, 204: 888 – 895.

[34] Carrasco C, Cuno D, Carlqvist K, et al. SO_2-catalysed steam pretreatment of quinoa stalks. Journal of Chemical Technology & Biotechnology, 2015, 90 (1): 64 – 71.

[35] Chen H Y, Liu J B, Chang X, et al. A review on the pretreatment of lignocellulose for high-value chemicals. Fuel Processing Technology, 2017, 160: 196 – 206.

[36] Kumar B, Bhardwaj N, Agrawal K, et al. Current perspective on pretreatment technologies using lignocellulosic biomass: An emerging biorefinery concept. Fuel Processing Technology, 2020, 199: 106244.

[37] Tsegaye B, Balomajumder C, Roy P. Optimization of microwave and NaOH pretreatments of wheat straw for enhancing biofuel yield. Energy Conversion and Management, 2019, 186: 82 – 92.

[38] Jiao Y Z, Guo C P, wang S P, et al. Enhancement of converting corn stalk into reducing sugar by ultrasonic-assisted ammonium bicarbonate pretreatment. Bioresource Technology, 2020, 302: 122878.

[39] Bak J S, Ko J K, Han Y H, et al. Improved enzymatic hydrolysis yield of rice straw using electron beam irradiation pretreatment. Bioresource Technology, 2009, 100 (3): 1285 – 1290.

[40] Xi Y L, Dai W Y, Xu R, et al. Ultrasonic pretreatment and acid hydrolysis of sugar-

cane bagasse for succinic acid production using Actinobacillus succinogenes. Bioprocess and Biosystems Engineering, 2013, 36 (11): 1779 - 1785.

[41] Akhtar N, Gupta K, Goyal D, et al. Recent advances in pretreatment technologies for efficient hydrolysis of lignocellulosic biomass. Environmental Progress & Sustainable Energy, 2016, 35 (2): 489 - 511.

[42] Wu K, Wu H, Zhang H Y, et al. Enhancing levoglucosan production from waste biomass pyrolysis by Fenton pretreatment. Waste Management, 2020, 108: 70 - 77.

[43] Cianchetta S, Di Maggio B, Burzi P L, et al. Evaluation of selected white-rot fungal isolates for improving the sugar yield from wheat straw. Applied Biochemistry and Biotechnology, 2014, 173 (2): 609 - 623.

[44] Song L L, Yu H B, Ma F Y, et al. Biological pretreatment under non-sterile conditions for enzymatic hydrolysis of corn stover. Bioresources, 2013, 8 (3): 3802 - 3816.

[45] Baramee S, Siriatcharanon A K, Ketbot P, et al. Biological pretreatment of rice straw with cellulase-free xylanolytic enzyme-producing Bacillus firmus K-1: Structural modification and biomass digestibility. Renewable Energy, 2020, 160: 555 - 563.

[46] Xu W Y, Fu S F, Yang Z M, et al. Improved methane production from corn straw by microaerobic pretreatment with a pure bacteria system. Bioresource Technology, 2018, 259: 18 - 23.

[47] Chen Y F, Wang W, Zhou D B, et al. Acetobacter orientalis XJC-C with a high lignocellulosic biomass-degrading ability improves significantly composting efficiency of banana residues by increasing metabolic activity and functional diversity of bacterial community. Bioresource Technology, 2021, 324: 124661.

[48] Brune A. Symbiotic digestion of lignocellulose in termite guts. Nature Reviews Microbiology, 2014, 12 (3): 168 - 180.

[49] Li H, Yelle D J, Li C, et al. Lignocellulose pretreatment in a fungus-cultivating termite. Proceedings of the National Academy of Sciences, 2017, 114 (18): 4709 - 4714.

[50] Dumond L, Lam L P Y, van Erven G, et al. Termite gut microbiota contribution to wheat straw delignification in anaerobic bioreactors. ACS Sustainable Chemistry & Engineering, 2021, 9 (5): 2191 - 2202.

[51] Yin J Z, Hao L D, Yu W, et al. Enzymatic hydrolysis enhancement of corn lignocellulose by supercritical CO_2 combined with ultrasound pretreatment. Chinese Journal of Catalysis, 2014, 35 (5): 763 - 769.

[52] Li G H, Chen H Z. Synergistic mechanism of steam explosion combined with fungal treatment by Phellinus baumii for the pretreatment of corn stalk. Biomass and Bioenergy, 2014,

67: 1 - 7.

[53] Pereira Marques F, Lima Soares A K, Lomonaco D, et al. Steam explosion pretreatment improves acetic acid organosolv delignification of oil palm mesocarp fibers and sugarcane bagasse. International Journal of Biological Macromolecules, 2021, 175: 304 - 312.

[54] Sindhu R, Binod P, Pandey A. Biological pretreatment of lignocellulosic biomass-An overview. Bioresource Technology, 2016, 199: 76 - 82.

[55] Yan X, Wang Z R, Zhang K Y, et al. Bacteria-enhanced dilute acid pretreatment of lignocellulosic biomass. Bioresource Technology, 2017, 245: 419 - 425.

[56] Fonseca B C, Reginatto V, López-Linares J C, et al. Ideal conditions of microwave-assisted acid pretreatment of sugarcane straw allow fermentative butyric acid production without detoxification step. Bioresource Technology, 2021, 329: 124929.

[57] Isci A, Erdem G M, Bagder Elmaci S, et al. Effect of microwave-assisted deep eutectic solvent pretreatment on lignocellulosic structure and bioconversion of wheat straw. Cellulose, 2020, 27 (15): 8949 - 8962.

[58] Subhedar P B, Ray P, Gogate P R. Intensification of delignification and subsequent hydrolysis for the fermentable sugar production from lignocellulosic biomass using ultrasonic irradiation. Ultrasonics Sonochemistry, 2018, 40: 140 - 150.

[59] Lee K M, Hong J Y, Tey W Y. Combination of ultrasonication and deep eutectic solvent in pretreatment of lignocellulosic biomass for enhanced enzymatic saccharification. Cellulose, 2021, 28 (3): 1513 - 1526.

[60] Yan D, Ji Q H, Yu X J, et al. Multimode-ultrasound and microwave assisted natural ternary deep eutectic solvent sequential pretreatments for corn straw biomass deconstruction under mild conditions. Ultrasonics Sonochemistry, 2021, 72: 105414.

第4章 秸秆木质纤维素组分分离技术

:::::::::::::::::::::::::::::::::::::

　　木质纤维素作为世界上丰富的可再生生物质资源，因其绿色环保性、生物安全性、经济易得性等特点被广泛转化为农业、化工材料以及生物医药等领域的高价值产品[1]。木质纤维素三组分应用潜力巨大、前景广阔。其中，纤维素和半纤维素结构相对简单，分离后通过化学催化或生物发酵可以得到纸制品、纳米纤维材料、燃料乙醇、糖类化学品等。而木质素作为自然界中唯一可再生的芳香族化合物，可进一步用来生产高值的芳香族化合物，如香草醛、香草酸、阿魏酸、苯酚类物质等[2,3]。然而木质纤维素结构极其复杂，木质素通过醚键、酯键和氢键与半纤维素相连，二者相互连接缠绕形成木质素碳水化合物复合物（LCC）填充于多糖组分的间隙中，并牢固地附着于纤维素表面，为纤维素骨架提供了保护屏障，进一步提高了木质纤维素结构的强度和刚度[4,5]。木质纤维素结构的紧密复杂性加大了对其进行分离、转化和利用的难度，成为制约木质纤维素类生物质可持续发展的技术瓶颈[6]。因此，通过特定的处理技术破坏木质纤维素的复杂结构，实现组分的有效分离，是高值化利用木质纤维素的基础。由于当前木质纤维素结构的复杂性和分离方法的多样性，明确木质纤维素组分的分离策略显得尤为重要。

　　因此，本章梳理归纳了三种木质纤维组分（优先）分离策略：纤维素优先分离、半纤维素优先分离、木质素优先分离。这些策略有助于研究人员根据需求了解并掌握相关的分离方法（图4-1）。

4.1 纤维素优先分离

　　纤维素是世界上含量最丰富的天然有机聚合物，目前也作为工业规模持续原料的重要来源，已经在化工、制膜和医疗等方面得到广泛应用。提取纤维素的主要策略是通过破坏和暴露木质纤维素生物质成分，去除木质纤维素中的木

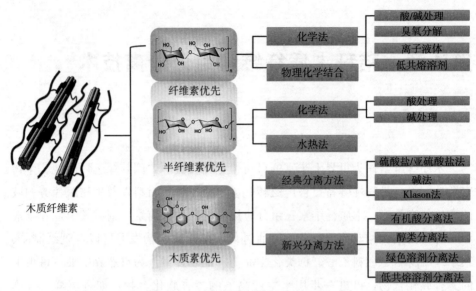

图 4-1　木质纤维素分离策略图谱

质素和半纤维素。合适的提取方法是促进纤维素可持续发展的重要基础，本节总结概述了用于优先提取纤维素的化学法和物理化学结合法。

4.1.1　化学法

提取纤维素的传统化学方法主要包括碱处理和酸处理。其中，碱处理提取纤维素主要使用氢氧化钠、氨水和过氧化氢等作为主要反应试剂，破坏木质素纤维素结构，增大纤维素酶的可及性，提高水解效率[7]。Bali 等[8]比较了不同碱处理（稀 NaOH、氨水浸泡和石灰）对纤维素结构特征和可及性的影响。结果表明，稀 NaOH 具有明显的纤维素酶可及性，且聚合度（DP）降低最为显著。此外，他们还发现与高温氨浸泡相比，低温氨浸泡下显示出更高的纤维素可及性。过氧化氢（H_2O_2）常被称为"绿色氧化剂"，因其清洁环保性受到广泛关注[9]。通常，碱性 H_2O_2 处理（AHP）的条件非常温和，且处理过程中不会引入或生成其他杂物，能最大限度地减少处理成本[10]。研究表明 AHP能有效去除木质素和半纤维素，并促进木质纤维素的酶水解。Rabelo 等[10]对甘蔗进行 AHP 处理，在最佳反应条件下有效去除了半纤维素和木质素（分别为 71.4％和 73.5％），而 92.6％的纤维素保留了下来。除此之外，H_2O_2 也可作为辅助剂加入甲酸和乙酸等有机酸中形成强氧化剂，可高度氧化木质素，同时酸催化可促进半纤维素的分离，最终降低提取纤维素的难度[11]。有一项研究报道，使用过氧化氢-甲酸对生物质进行组分分离，可在短时间内（6～16min）去除95.2%的木质素和85.3%的半纤维素，而固体馏分中富含纤维素（89.1%）[12]。

亚硫酸（SO_3^{2-}）是酸处理中的常用试剂，它可以与酸或碱结合，从木质纤维素中有效去除木质素和半纤维素，并保留纤维素。因此，使用亚硫酸盐处理技术（SPORL）能够克服木质纤维素的顽固性，并有助于实现有效的生物质转化[13]。Zhang 等[14]采用 SPORL 预处理探究不同条件（时间、温度、硫酸/亚硫酸用量）对去除柳枝半纤维素和木质素的影响。结果表明，SPORL能充分去除半纤维素、部分溶解木质素，并通过磺化作用降低木质素的疏水性来提高纤维素的消化率（83%）。类似的，另一研究报道，SO_2-乙醇-水（SEW）处理也有提取纤维素的能力。Iakovlev 等[15]用该方法处理云杉，有效溶解了半纤维素和木质素（分别残留7.8%和1.7%），而将90.5%的纤维素保留在固相中。

碱处理和酸处理是目前使用较多且较为成熟的技术，虽具有优异的化学和热稳定性、适用性强等特性，但处理周期较长，且过程中易产生较多副产物，会对生态环境造成一定污染。为了克服上述传统方法存在的问题，越来越多的学者不断在传统的化学法上进行改进，研发出了更加绿色的提取方法。

臭氧分解是一种有前途的绿色替代方法，可用于提高纤维素的可及性，同时在分离木质素和半纤维素方面也表现出优异性能。臭氧分解工艺一般可与其他方法结合来提高处理效果。例如，Ortega 等[16]对甘蔗秸秆残渣进行碱浸泡、臭氧化的顺序处理。首先在碱性环境下浸泡8h，然后进行60min的臭氧分解，最终纤维素含量增加到76.4%，而木质素含量下降了47%。同原材料相比，臭氧分解后酶水解的抗性降低，实现了60%的葡萄糖转化率。此外，Li 等[17]使用臭氧分解、亚临界水组合处理麦麸，显示出优异的协同作用：在温和条件下，引发木质素的结构破坏和半纤维素的部分浸出，而纤维素只受到轻微影响。最终实现了木质素和半纤维素去除（分别为40%和86%）和较高的糖化产率（葡萄糖为85%）。图4-2展示了臭氧分解和亚临界水协同处理木质纤维素的机理和工艺流程。

研究表明，离子液体（ILs）可在纤维素大分子与溶剂之间形成氢键，从而破坏纤维素的分子内与分子间的氢键网络，使纤维素溶解在离子液体

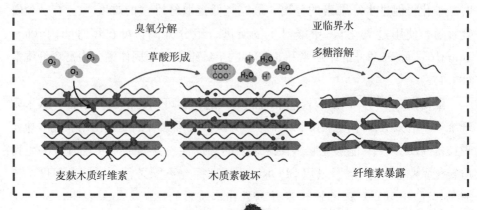

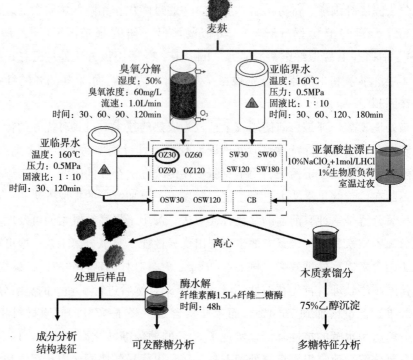

图 4-2　小麦麸皮在亚临界水中的臭氧分解用于碳水化合物的回收[17]

中，半纤维素和木质素可从细胞壁中溶出[18]。目前，ILs 用于生物质提取纤维素及其转化利用的研究已有很多。Malolan 等[19] 报告了离子液体（氯化1-丁基-3-甲基咪唑镓盐（［BMIM］Cl) 辅助提取 *Calophyllum inophyllum* 纤维素，得到的纤维素约为原料的 23.81%（结晶度：81%）（图 4-3a）。Yang 等[20]将球磨过的竹子溶解在 1-烯丙基-3-甲基咪唑氯化物（［Amim］

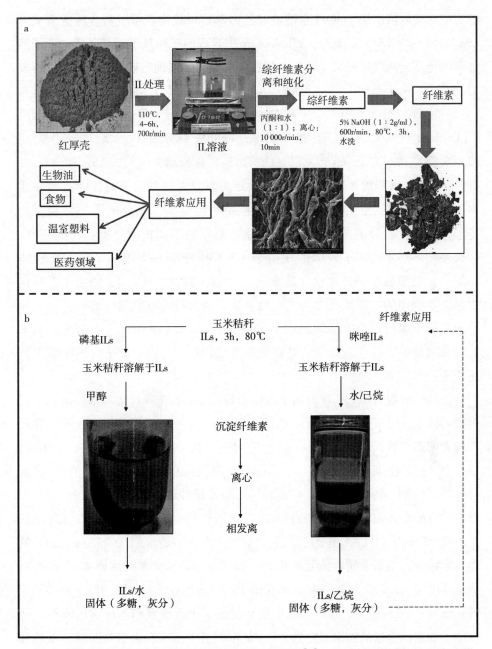

a. 蒸汽爆破—芬顿氧化处理从红麻韧皮中分离纤维素[19]；b. 蒸汽爆破预处理提取杨木纤维素[21]。

图4-3 离子液体用于纤维素提取

Cl) 中，然后依次用 NaOH 水溶液和乙醇萃取，最终获得了富含纤维素成分
（92.02%～93.88%）。此外，Glińska 等[21]合成的三种基于四烷基膦的离子液
体和两种基于咪唑镓的离子液体，均在温和条件下表现出较好的纤维素溶解能
力。其中，三丁基-甲基-乙酸膦（[P4444]　[EH]）溶解了最多的纤维素
（84%），而 1-十二烷基-3-甲基-咪唑镓双（2,4,4-三甲基-戊基）次膦酸酯
（[C_{12}mim]　[($^iC_8$)$_2$PO$_2$]）和 1-癸基-3-甲基-咪唑镓双（2,4,4-三甲基-戊
基）次膦酸酯 [C_{10} mim]　[($^iC_8$)$_2$PO$_2$] 分别溶解了 61.1% 和 44.0%
（图 4-3b）。众所周知，离子液体价格昂贵，故在选择离子液体时必须在成
本与其处理效果之间取得平衡。为了控制实验成本，Haykir 等[22]开展了离
子液体（三乙基硫酸氢铵，TEAH-SO$_4$）与水的不同比值处理松树的研究。
结果表明，当水与离子液体的比值为 1∶4 时处理 3h，提高了脱木素性能
（59%），且生物质的纤维素含量增加了 2 倍。除此之外，ILs 的回收再利用
也是工业利用的主要挑战之一。一般来说，通过低沸点溶剂洗涤后再通过简
单蒸发和干燥可以很容易地回收 ILs，但回收的 ILs 中含有一些木质素和半
纤维素残留物，这会对后续的处理效果造成影响。所以，离子液体回收工艺
还需进一步完善。

　　低共熔溶剂（DES）作为离子液体的替代品，在选择性溶解木质素和半纤
维素，提取纤维素方面具有良好的性能。表 4-1 整理了不同种类 DESs 提取
纤维素的相关数据。例如，Liu 等[23]使用三乙基苄基氯化铵/乳酸（TEBAC/
La）预处理甘蔗渣，在 120℃ 下以处理 4h 后获得了显著的木质素
（88.72%）、木聚糖去除效果（73.93%）以及最佳纤维素回收率（95.89%）。
随着研究的深入，学者们不断对 DES 处理进行优化改进。Xie 等[24]将环保的
杂多酸-磷钨酸（PTA）作为催化剂，辅助中性低共熔溶剂（ChCl/glycol）处
理玉米秸秆。结果表明，该处理提高了处理效率，且大部分木质素（86.1%）
和半纤维素（89.7%）被去除，并获得了高产率的纤维素（88.9%～94.3%）。
Huang 等[25]发现引入微量的 AlCl$_3$ 明显促进了半纤维素和木质素的降解，而
保持了葡聚糖含量的稳定。此外，Duan 等[26]开发了一种由氯化胆碱、草酸和
乙二醇组成的新型三元 DES。该 DES 可快速去除约 79.7% 的半纤维素和
65.6% 的木质素，同时保留了 84.0% 的纤维素，且经过五次循环后，仍保持
较高的去除效率。

表4-1 不同种类DESs用于纤维素的提取

处理	原料	实验条件	处理效果			参考文献
			木质素去除/%	半纤维素去除/%	纤维素保留/%	
TEBAC/LA=1:2	甘蔗渣	160℃, 4h, LSR=15:1	88.72	73.93	95.89	[23]
ChCl/p-TsOH=1:2	小麦秸秆	球磨(380rpm, 3h) LSR=10:1	63.8	>90	>90	[27]
PTA/DES (ChCl/glycol=1:2)	玉米秸秆	150℃, 3h, LSR=20:1, 0.2g PTA	86.1	89.7	94.3	[24]
$AlCl_3$/DES (ChCl/glycol)	小麦秸秆	110℃, 3h, LSR=10:1	44.59	86.09	87.41	[25]
$AlCl_3 \cdot H_2O$/DES (ChCl/GG)	花生壳	120℃, 3h, LSR=40:1	73.22	93.05	59.49	[28]
GVL/DES (ChCl/BDO=1:2)	毛竹	130℃, 60min, LSR=10:1, 0.1mol/L H_2SO_4	88.61	98.67	>90	[29]
Ternary DES (ChCl:OA:EG=1:1:2)	杜仲籽壳	100℃, 2h, LSR=20:1	65.6	79.7	84.0	[26]
Ternary DES (ChCl:OA:EG=1:0.2:2)	玉米秸秆	130℃, 60min, LSR=0:1	75	—	>95	[30]
Ternary DES (ChCl:BA:PEG-200=1:1:1.5)	小麦秸秆	120℃, 4h, LSR=20:1	88.39	84.38	≈90	[31]

注: ChCl为氯化胆碱, p-TsOH为对甲苯磺酸, TEBAC为三乙基苄基氯化铵, LA为乳酸, PTA为磷钨酸, GG为愈创木酚, GVL为γ-戊内酯, BDO为1,4-丁二醇, OA为草酸, EG为乙二醇, BA为硼酸, PEG-200为聚乙二醇200。

4.1.2 物理化学结合法

物理法通常是在高温、高压或者施加外力等条件下破坏木质纤维素结构，并降低其粒径和结晶度[32]。这种处理能够使木质纤维素结构松散，有助于提高后续组分分离的效率。常见的物理法主要包括机械粉碎、超声波和蒸汽爆破等，这些方法具有操作简单、绿色环保等优点[33,34]。然而，研究发现单独使用物理法提取纤维素能力十分有限，难以有效去除半纤维素和木质素，并易导致纤维素的提取纯度较低。目前，通常采用多步或组合物理化学方法来分离木质纤维素类生物质组分（图4-4）。

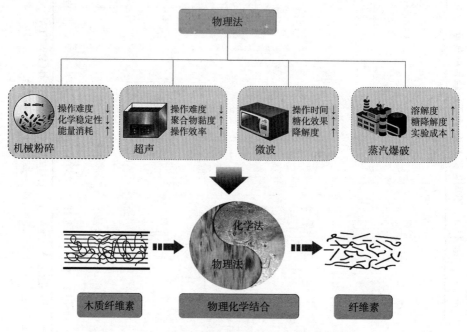

图4-4 物理化学联合技术处理分离纤维素

一般通过物理机械处理后获得的原材料往往颗粒均匀细小，可促进后续纤维素的提取和转化。例如，Yan等[35]发现使用螺杆挤出法可提取出51.1%纤维素（结晶度44.7%），用其制备纤维素纳米纤维，产率高达73%。这一工作为机械处理木质纤维素制备纳米碳纤维提供理论指导。超声波也被普遍认为是有效的辅助物理方法。超声波引发热力学机制、空化效应和机械效应等多种作用导致木质纤维素表面侵蚀和脱木质素化，并通过分裂木质纤维素中存在的醚键和酯键等化学键来破坏生物质结构。同时，在液体介质中产生的压力差可促进纤维素分子的快速运动，使其更容易进入溶剂中，加速提取纤维素的过程[36]。例如，Vu 等[37]用超声波预处理稻草，将纤维素的提取时间从 2.5h 缩短到 1.5h。此外，Singh 等[38]利用了超声辅助碱脲（UAAU）处理芒草，研究表明，在最优条件下提取的纤维素（47.8%）具有更高的热稳定性、结晶度和更小的微晶尺寸，有助于实现纤维素的高值转化。Tao 等[39]也报道使用超声波辅助稀酸处理，可回收 31.31g 的纤维素（67.88g 固体残渣），并实现 11.12g（100g *T. lutarioriparia.*）还原糖得率。此外，他们也发现微波辅助稀酸处理同样具有较好的处理效果[纤维素：30.86g（65.72g 固体残渣），还原糖得率：14.07g（100g *T. lutarioriparia*）]。其实，微波辅助技术也是近年来热门的一种木质纤维素处理方法。例如，Ozbek 等[40]提出了微波辅助碱液处理（MAAP）。他们发现微波可以消除竹子中几乎所有的木质素，并在 7min 内产生高纤维素含量的残留物（92.46% 纤维素回收率），而富含纤维素的残留物可以通过后续化学处理快速纯化。

除上述物化方法外，蒸汽爆破辅助技术也是一种提取纤维素并提高其结晶度的有效方法。有团队研究证明了蒸汽爆炸与芬顿氧化联合处理分离纤维素的有效性。他们发现蒸汽爆破可以从洋麻韧皮中去除大部分半纤维素，随后进行的芬顿氧化可以有效地去除木质素，最后固体残渣中纤维素含量达到 75.3%（结晶度：70.1%），而半纤维素和木质素仅保留 8.8% 和 9.4%（图 4-5a）[41]。与上述研究类似，Haddis 等[42]在酸水解前对杨木进行蒸汽爆破处理，提取了 51% 的纤维素并增强了纤维素的结晶（1.3 倍）。他们还发现蒸汽爆破可以显著提高后续酸水解步骤中纤维素纳米晶体（CNCs）的产量（2.5 倍），且 CNCs 具有较高的热稳定性（图 4-5b）。

单一的物理或化学预处理方法都存在一些局限性，如物理法能耗较高且不能完全去除木质素，化学法可能对设备产生腐蚀或产生较多的酶解抑制物。而物理化学处理法能够在一定程度上弥补这些不足，并综合物理和化学方法的优势，从而提高整体的处理效果。但物理化学也存在能耗、成本较高以及操作复杂等问题。因此，在实际应用中，需要根据具体情况进行权衡和选择，以达到最佳的处理效果和经济效益。

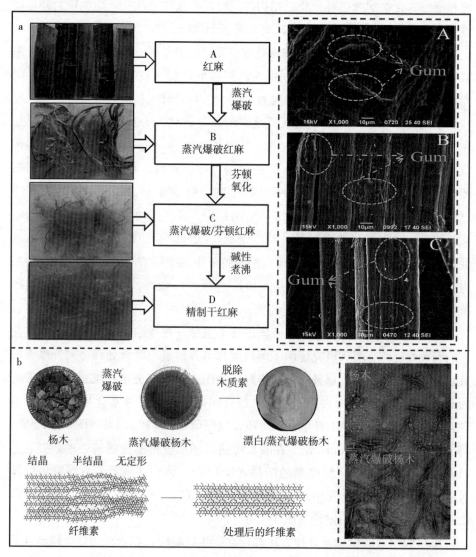

a. 蒸汽爆破和芬顿氧化处理从洋麻韧皮中分离纤维素[41]；b. 蒸汽爆破预处理提取杨木纤维素[42]。

图 4-5　蒸汽爆破联合化学处理分离纤维素

4.2　半纤维素优先分离

半纤维素是仅次于纤维素的天然碳水化合物，具有高热稳定性和酸性，且易于降解。因此，半纤维素组分在特定情况下可以从木质纤维素中温和分离。

研究表明，半纤维素可增值转化为功能糖（低聚木糖、木糖、阿拉伯糖和木糖醇）、糠醛及其衍生物精细化学品，因此从木质纤维素中有效分离半纤维素是实现其高值化应用关键性的一步。目前，有许多提取半纤维素的方法，本节主要概述了两种常用的半纤维素优先分离方法。

4.2.1　化学法

化学法分离半纤维素主要包括酸处理和碱处理。其中酸处理可以破坏半纤维素和纤维素聚合链上糖单体之间的连接键，主要水解产生木糖、葡萄糖和阿拉伯糖等[43]。但该处理容易产生较多的副反应产物，同时高温和高浓度的酸性溶液会导致半纤维素的大量降解，从而降低了半纤维素的聚合度，这在一定程度上限制了酸处理的应用[44]。与酸法处理相比，碱法是提取半纤维素更常用的方法。反应过程中碱溶液会对纤维原料产生润胀作用，并破坏半纤维素和纤维素分子间氢键、半纤维素和木质素间的化学联结，使半纤维素溶解在溶液中，碱法提取半纤维素的机理如图 4-6 所示[45]。这种分离半纤维素的方法简单易得，常用于商业半纤维素的制备。

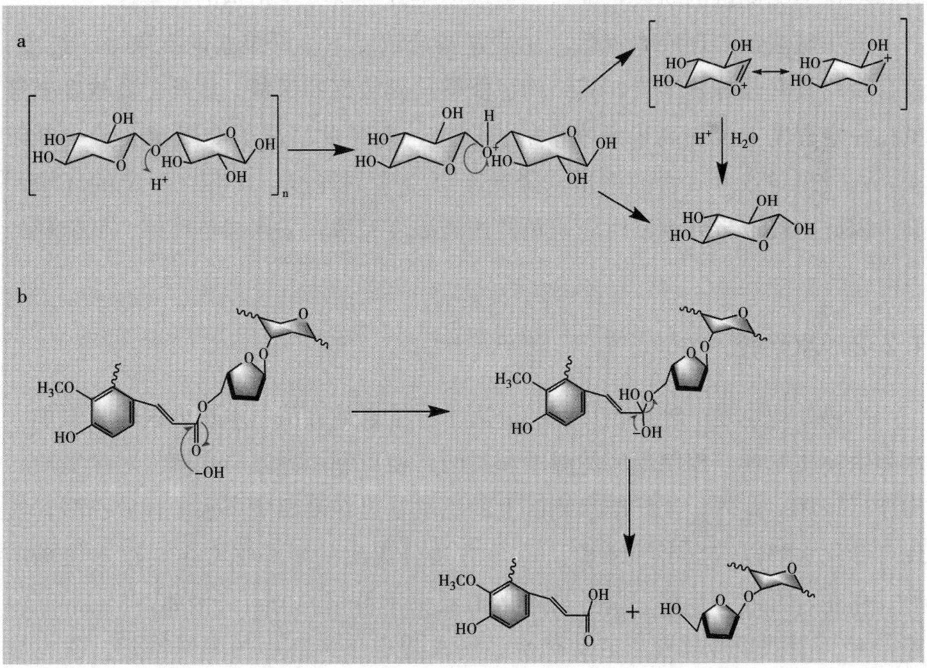

图 4-6　酸处理（a）和碱处理（b）半纤维素的分离机理

Sun 等[46]认为连续碱提取是一种分离半纤维素的有前途的方法。将甜高粱茎依次在不同浓度 KOH 水溶液中用水提取（90℃），后再用乙醇提取 3h（75℃），最终得到 76.3%原始半纤维素（图 4-7a），且具有较高的热稳定性。同样的，Peng 等[47]使用逐级升高浓度的 KOH 溶液对柠条进行连续提取，最终溶出了 92.2%的半纤维素。然而，传统碱提取工艺存在操作过程烦琐和环境污染等问题，为了提高碱处理对半纤维素分离效率，有学者提出绿色高效的冻融辅助碱处理（FT/AT）。Li 等[48]将竹子在−30℃下冷冻 12h，在室温下解冻后在 75℃下碱处理 90min。他们发现冻融处理下冰晶的形成和生长破坏了木质纤维素的结构屏障，暴露的半纤维素可被后续的碱溶液提取。最终，半纤维素的提取率显著提高（64.71%），且提取的半纤维素具有更高的纯度（89.45%）和较低的多分散性（1.39）（图 4-7b）。Wang 等[49]也使用 FT/AT 分离竹子半纤维素，两步总提取率达到 90.54%。然而，Zeng 等[50]在 FT/AT 基础上进行了简化，通过一步冻融辅助碱处理（OFT/AT）分离竹子半纤维素。结果表明，半纤维素的分离率和纯度分别达到 73.26%和 95.73%（图 4-7c），且提取的半纤维素的结构分析显示有效抑制了半纤维素的木糖主链和阿拉伯糖侧链的断裂，确保了提取的半纤维素分子结构的完整性。

采用碱法预处理成本较低，在适宜碱液浓度下半纤维素的提取率、纯度、聚合度均具有较好的结果，其结构也能够得到较好的保留。此外，高浓度碱液虽在一定程度上可提高半纤维素的提取率，但是此情况下会降解大量半纤维素，同时易导致木质素的溶出，降低半纤维素的纯度，且存在一定的环境污染。因此，提取半纤维素时应避免使用高浓度碱液，采用绿色环保、低能耗的工艺。

4.2.2　水热法

水热处理也是一种绿色环保的分离半纤维素的方法。水热处理时一般加入水和生物质原料，控制反应的温度和时间，便可利用温度与水蒸气对生物质结构进行破坏。此外，半纤维素侧链上的乙酰基可在高温液态水中释放乙酸，实现自催化水解以溶出半纤维素[51]。该方法分离出的半纤维素主要以木聚糖的形式存在，可进一步处理制备高附加值低聚木糖（XOSs）。例如，Makishima 等[52]使用管式反应器利用流动热水系统来提取玉米芯中的半纤维素。研究发现，使用管式反应器在 200℃条件下反应 10min 可回收 82.2%的木聚糖，仅产

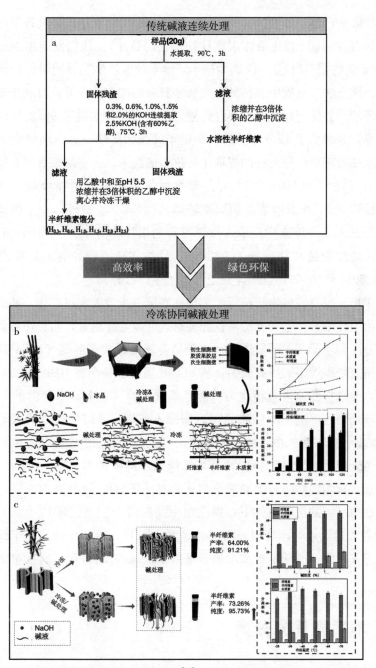

a. 连续碱提取甜高粱茎半纤维素[46]；b. 冻融辅助碱处理提取竹子半纤维素[48]；c. 一步冻融辅助碱处理分离竹子半纤维素[50]。

图 4-7　碱处理优先分离半纤维素

生少量糖降解产物（如糠醛）。有趣的是，Li 等[53]对水热条件进行了优化，开发了一种有效的 pH 校正液体水热预处理（LHWP）。他们发现用 NaOH ［≤5g（100g 底物）］预校正 pH 能加速半纤维素的脱乙酰化并同时原位预校正酸水解液。该方法可有效中和预处理过程中释放的酸，防止形成有利于糠醛生产的酸性环境，并保留原料中的半纤维素。该工作最终实现了 96.38％的半纤维素回收率，并减少了 35.3％～92.3％的半纤维素降解。另一项研究报道，甲酸辅助水热处理是一种可行的提取半纤维素的技术。分析结果表明，甲酸在所有温度下（130℃、140℃、170℃）都增加了半纤维素的提取量。其中，在170℃处理 0.5h，半纤维素总提取率较高（70％）[54]。此外，一步微波辅助水热法也是从木质纤维素中提取木聚糖可行的生物炼制方法。Mihiretu 等[55]使用该方法处理白杨和甘蔗渣 8～22min，最终实现了较好的木聚糖提取效果（分别为 66％和 50％），且固体残渣可用于生产乙醇。

近年来，也有许多生物精炼工艺往往在第一步设置水热处理，随后在水解液中提取半纤维素。这种方法不仅能够有效回收半纤维素，而且还可促进后续的组分分离和增值。一项报道一种水热结合碱性低共熔溶剂（HT-ADES）的绿色、高效处理策略的研究表明，从 HT 处理的水解产物中回收了 29％的半纤维素，并选择性地将其转化为功能性低聚木糖（占水解木聚糖的 65.9％）。此外，该处理还促进了随后的 ADES 脱除木质素，残留物通过酶水解实现了高达 99.2％的木糖产率（图 4 - 8a）[56]。Ma 等[57]也用类似方法逐步处理杨木。水热处理后的水解产物主要有半纤维素和降解产物（XOSs 等）。提取的半纤维素具有均匀结构和优异的抗氧化活性。随后的 DES 处理去除了木质素屏障，在酶水解的最佳条件下，糖化效率提高到 96.33％（图 4 - 8b）。Wang 等[58]也首先通过水热预处理去除半纤维素，其中 98.2％（wt）的半纤维素以戊糖的形式回收，而纤维素和木质素通过 DES 处理均得到了高质量回收（图 4 - 8c）。

4.3 木质素优先分离

木质素是世界上含量最丰富的可再生芳香族聚合物，同时也是含量仅次于纤维素的天然高分子化合物。作为植物细胞壁的组成成分之一，木质素在稳定细胞壁结构方面具有重要作用。在过去，木质素作为处理木质纤维素类生物质

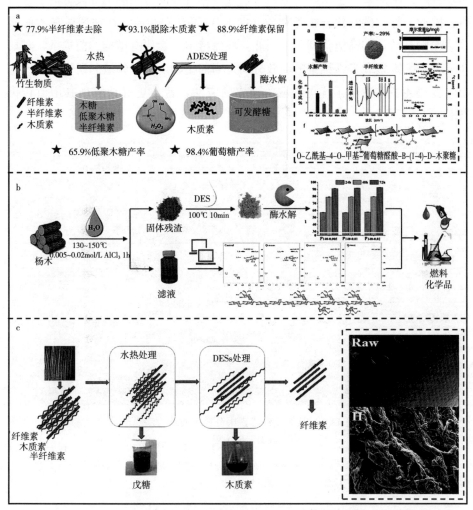

图 4-8　水热协同碱性低共熔溶剂[56]（a）、酸性低共熔溶剂[57]（b）和
中性低共熔溶剂[58]（c）提取半纤维素

时留下的副产物，往往直接丢弃或者焚烧处理，尚未得到充分利用。近年来，随着对木质素的研究越来越深入，木质素的高值化利用不仅可以为下游工业提供可再生的芳香类碳氢资源，同时可大幅提升当前生物精炼产业链的经济效益。木质素作为原料可制备高附加值化学品（酚醛树脂、香兰素、聚合物等）[59]。然而，木质素是植物细胞壁中最稳固的化学组分，其结构复杂性和分布不均一性所构成的天然抗降解屏障，致使其分离提取较为困难。目前，各种

方法提取的木质素发生了降解或缩合，导致其复杂的分子结构和较低的反应活性。除此之外，碳水化合物等杂质（如 LCC 等含糖杂质）往往残留在木质素中，影响其转化和高值化利用。因此，在保持木质素原有结构的前提下，实现木质素与纤维素和半纤维素的高效分离是当前生物质精炼领域的研究热点。本节主要概述了几种用于优先提取木质素的方法，旨在更好地实现其增值转化（图 4-9）。

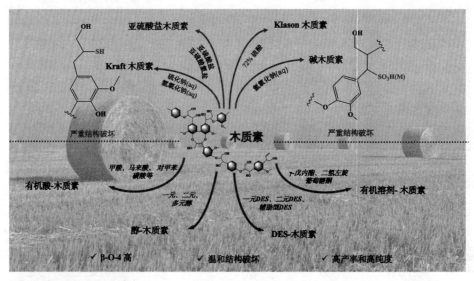

图 4-9 从木质纤维素中分离木质素方法总结
（改编自 Sun 等[59]）

4.3.1 经典分离方法

4.3.1.1 硫酸盐/亚硫酸盐法

起初，在传统的制浆造纸工业中，最主要的分离木质素的两种方法是硫酸盐法和亚硫酸盐法。其中，硫酸盐法通常将 NaOH 和 Na_2S 液作为蒸煮液处理生物质，所得木质素称为硫酸盐木质素（Kraft 木质素）[60]。硫酸盐制浆法中除了含有大量的亲核试剂 OH^- 外，还含有具有更强亲核能力的 HS^- 和 S^{2-}，会促进木质素连接键的断裂。此外，该过程中会生成氢硫取代基（—SH），导致木质素产生富硫结构[61]。因此，硫酸盐法生产的木质素一般含有少量 β-O-4 键，且具有含硫化合物的恶臭（1.5%～3%硫），仅少量可用于增值生产[59]。

亚硫酸盐法被报道广泛应用于生产商业木质素。该法通常将亚硫酸盐（二氧化硫水溶液和钙、钠、镁以及铵碱）作为蒸煮液对原料进行处理，所得木质素称为亚硫酸盐木质素（也称木质素磺酸盐）[62]。在处理过程中，一方面，高温高压的处理条件使原生盐木质素中 $\beta-O-4$ 键大量断裂，同时伴随甲氧基的丢失和碳碳连接键的形成，出现了较严重的缩合现象[63]。另一方面，所添加的阳离子也会影响木质素的反应性，且所得亚硫酸盐木质素会以磺酸基团的形式掺入硫元素（4%～8%），但与硫酸盐木质素相比提高了其水溶性[59]。

4.3.1.2　碱法

碱法是传统制浆造纸工业中的另一种常用方法。使用碱法提取木质素是基于木质素溶于碱性溶剂的性质，溶液中 OH—基团可与木质素酚羟基发生化学反应，生成可溶于水的酚盐（黑液），随后再将黑液置于酸性条件下以沉淀析出木质素，通常将其称为碱木质素[64]。通常情况下，碱性试剂和高反应温度（130～160℃）会使木质素的结构会发生较大的变化。与原本木质素相比，碱木质素的分子量明显降低，且 $\beta-O-4$、$\alpha-O-4$ 等醚键的分布量明显减少[65]。例如，Rahman 等[66]从黄麻的 KOH 制浆液中分离得到碱木质素，通过表征发现碱性溶剂能使木质素中的 $\beta-O-4$ 芳基醚键断裂，且碱木质素具有较高的酚羟基含量和较低的分子量。此外，研究发现由于碱木质素以残渣的形式被提取出来，其中含有较多杂质，导致木质素纯度较低。这一观点从 Costa 等[67]的研究中得到了证明。他们使用 NaOH 处理甘蔗渣 47min，提取了 80.2%的木质素，但大部分半纤维素与木质素共同溶于碱液中，降低了木质素的纯度。

4.3.1.3　克拉松（Klason）法

除上述方法外，还有一种特殊的木质素提取法，即克拉松（Klason）法，它是测定木质纤维素生物质中各组分（木质素、纤维素和半纤维素）含量的标准方法，通过该方法得到的木质素称为 Klason 木质素[68]。Klason 法操作相对简单，一般使用 72%浓硫酸对木质纤维素进行水解，将纤维素和半纤维素进一步水解为溶于水的糖类，而木质素则作为不溶物以固体形式保留下来。使用该方法可实现 Klason 木质素的高回收率，但高浓度的硫酸严重破坏了其原始结构，降低了反应活性[69,70]。因此，目前 Klason 法只在很多测量工作中广泛应用，提取的木质素并不适用于增值生产。

木质素的经典分离方法（硫酸盐/亚硫酸盐法、碱法和 Klason 法）主要来源于造纸业的传统制浆方法，已在工业上得到广泛应用，但该法通常专注于从木质纤维素中获取纤维素。传统制浆过程中往往采用较高的温度和相对严苛的处理条件，导致提取的木质素纯度较低，需要进一步分离纯化，且木质素的结构往往也会严重改性，不利于回收高质量的木质素，增加了生产高附加值产品的技术难度。另外，各种酸、碱溶剂无法循环利用，污水处理难度大、生产成本高。

4.3.2 新兴分离方法

4.3.2.1 有机酸分离法

研究表明，甲酸、马来酸、p-TsOH 等特定有机酸对木质素具有良好的分离效果。例如，甲酸因其溶解度参数与木质素相似，对分离木质素表现出良好的效果。玉米芯在 80℃使用甲酸（88%）处理 3h 可有效地实现组分分离，最终回收了 87.1% 的木质素[71]。Ouyang 等[72]使用同样浓度的甲酸处理芒草，也分离出大部分的木质素（85.3%）。结构分析表明，木质素在甲酸处理过程中虽然发生了不同程度的甲酰化，但其一级结构保持完整。马来酸作为一种无毒、绿色的溶剂，已经常用于木质纤维素的分离。Sahu 等[73]用各种有机酸（乳酸、草酸、柠檬酸和马来酸）对棉废料进行预处理。结果发现，在最佳预处理条件下马来酸的处理效果是最好的，分离出高达 88% 的木质素。有研究报道，马来酸可以很好地保存木质素的原始结构。Ma 等[74]使用马来酸提取木质素后再将其进行连续有机溶剂萃取。化学结构分析表明，提取的木质素保存了主要的结构和官能团，且均匀性大大提高（其分散指数由 2.86 降低到 1.25）。

除了甲酸和马来酸外，p-TsOH 也被用于木质素的分离和提取。Feng 等[75]利用 p-TsOH 处理甘蔗渣，评估了该溶剂对木质素的选择分离性和解聚能力：木质素的分离率达到 88.81%，且反应产物中 β-β 和 β-5 键的低含量表明木质素缩合受到抑制。这项工作为 p-TsOH 高效清洁分离木质素提供了重要的理论支持。Ji 等[76]通过 p-TsOH 也提取了高质量的木质素。所获得的木质素具有丰富的 β-O-4 芳基醚键（60%）、高羟基含量且分散性较低（2.28）。

4.3.2.2 醇分离法

醇，包括一元醇、二元醇和其他多元醇。目前越来越多的研究在处理木质纤维素时将醇类溶剂用作稳定剂来保护木质素的 β-O-4 键，可实现木质素的高质量分离（图 4-10）。在醇存在的情况下，α-醚化捕获碳阳离子中间体以形成 α-醚化的 β-O-4 键（β'-O-4），该键具有更强的抗降解性，抑制了木质素的缩合和降解反应[77]。

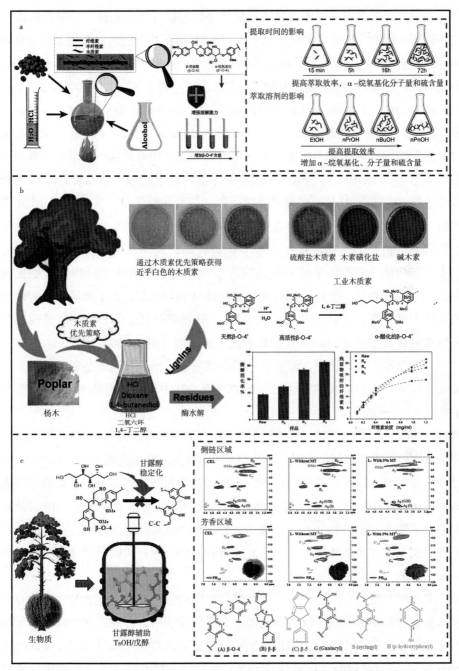

a. 用醇（EtOH、nPrOH、nBuOH、nPnOH）温和有机溶剂提取木质素[78]；b. 1,4-丁二醇/二噁烷溶剂系统分离木质素[79]；c. 甲苯磺酸/戊醇与甘露醇结合处理提取木质素[80]。

图 4-10　醇溶剂提取木质素

一元醇是指含有一个醇官能团的醇，是目前研究和应用最广泛的有机溶剂之一。Wang 等[81]使用 2-丙醇溶液在 200～220℃下处理桉树，获得了具有良好特性的木质素。在 220℃下处理 120min，桉树木质素的最高产率达到 61.58％。但同时他们发现，较低的温度和较高的醇浓度更有利于保持木质素中的 β-O-4 键。如在 200℃下使用 70％的 2-丙醇溶液提取的木质素的 β-O-4 含量高于在 220℃下使用 50％的 2-丙醇溶液提取的木质素的 β-O-4 含量。为了避免过高的反应温度，研究表明加入酸催化剂可促进在相对较低的温度下提取高质量木质素[82]。Florian 等[83]使用硫酸/乙醇溶剂体系处理香蕉秸秆，木质素提取率达到 58.7％，且具有较高的纯度（76.5％）和分子量。据 Zijlstra 团队[78]报道，在酸化的温和醇水溶剂系统（0.24mol/L HCl，80℃）中提取的木质素结构得到了很好的保存，其 β′-O-4 含量较高。此外，该团队还发现一元醇的不同异构体分离木质素的效果也有所差别。与相应的线性异构体（如正丙醇、正丁醇）相比，使用体积较大的异构体（如异丙醇、正丁烷等）具有较低的木质素提取率，且总 β-O-4 含量和 α-醚化率较低。例如，使用异丙醇时木质素的提取率和 β′-O-4 含量显著低于正丙醇（图 4-10a）。

一元醇易挥发的性质，使实验过程存在安全风险，且高设备要求导致较高成本。因此，人们越来越关注二元醇的应用。其中，乙二醇和 1,4-丁二醇是最常见的二元醇。Yu 等[84]选用多种二元醇［乙二醇（EG）、1,3-丙二醇（PG）、1,4-丁二醇（BD）或 1,5-戊二醇（PD）与 DES（ChCl/OA）］结合用于分离木质纤维素。结果发现，该处理下木质素的回收率达到 70％，且 β-O-4 结构保留完整。同时，通过统计分析，他们认为长链二醇更有利于提取木质素和保存木质素中的 β-O-4 键。Pan 等[79]的研究证明了上述结论，他们分别使用乙二醇/二噁烷和 1，4-丁二醇/二噁烷处理杨木。结果表明，后一种处理系统分离出的浅色木质素（＞50％）具有较高的 β-O-4 键含量（26.6％）和纯度（＞99％）（图 4-10b）。

多元醇是指具有两个或两个以上醇官能团的醇。其中，甘油是生物质分离和木质素提取中研究最广泛的多元醇。大量研究表明，甘油通常会将其与无机酸催化剂或酸性 DES 结合使用，以实现在温和条件下提取木质素。Hassan-pour 团队[85]通过稀酸（130℃，15min）和甘油（170℃，15min）两步处理甘蔗渣，通过简单过滤回收了 63％的木质素，其纯度高达 90％。对回收的木质素进行 2D HSQC 分析，显示出较高含量的 β-O-4 键和适量的 β′-O-4 键。

有趣的是，该团队还使用酸化粗甘油［纯度为 77.5％（wt）］处理甘蔗渣。结果表明，与上一项研究的酸化甘油相比，木质素回收率较高（67％～85％）[86]。粗甘油相对较好的性能归因于脂肪酸等杂质的存在（如辛酸和癸酸），这些成分有助于提高甘油在生物质结构中的渗透能力[87]。除了甘油外，甘露醇也可用于分离出高 β-O-4 含量的木质素。据 Chu 等[88]报道，使用甘露醇辅助稀酸处理杨木屑可抑制木质素聚合，其木质素 β-O-4 键含量高于对照组。最近，有团队在 p-TsOH/戊醇溶剂体系中加入 5％（wt）的甘露醇用以处理杨木。结果发现，其木质素分离率从 70％提高到 90％，提取的木质素颜色较浅，且 β-O-4 含量得到提高，保持了较高的木质素完整性（图 4-10c）[80]。

4.3.2.3 绿色溶剂分离法

近日，可回收、无毒/低毒的绿色溶剂也得到广泛关注。如 γ-戊内酯（GVL）和二氢左旋葡萄糖酮（Cyrene）等溶剂已被证明可实现木质纤维素的高效选择性分离。GVL 是一种可再生有机化合物，具有制备简单、高热化学稳定性、低蒸气压等特点。有研究报道，用 GVL/水系统处理方法处理生物质，预处理废液中的 GVL 易于回收，且通过两步木质素沉淀和真空蒸馏相结合，可以从废液中回收 90％以上的木质素[89]。Wu 等[90]在 GVL/水系统中处理生物质 90min，他们发现木质素的溶解度有所增加，之后采用简单的水沉淀法从处理溶液中回收了近 95％的木质素纳米颗粒（LNPs）。此外，Yang 等[91]提出的 GVL/p-TsOH 系统处理木质纤维素也具有优异的处理效果，分离出 86.14％的高质量木质素（分子量、多分散性和酚羟基含量分别为 1 587g/mol、1.04mmol/g 和 3.64mmol/g）。Cyrene 也是一种很有前途的新型生物基溶剂，具有相对较高的 HBA 容量（0.61），因此对木质素具有良好的溶解性[92]。Meng 等[93]采用 Cyrene/水体系在处理杨树时发现 Cyrene 和水之间形成的强氢键有利于 LCC 之间化学键的断裂，同时减少了木质素缩合和 β-O-4 键断裂，但不影响木质素的去除效果。最终其木质素的回收率超过 60％，且保持了原始结构的完整性。但一般需要大量的水才能回收纯净的 Cyrene。因此，如何有效地回收 Cyrene 并有效地重复使用仍需进一步研究。

4.3.2.4 低共熔溶剂分离法

近年来，低共熔溶剂以其高效率和高选择性成为提取木质素的"绿色溶剂"。不同的 HBD 和 HBA 组成会影响低共熔溶剂对木质素的溶解能力，因此通过对低共熔溶剂的设计，可以实现对木质素的选择性溶解与分离。图 4-11

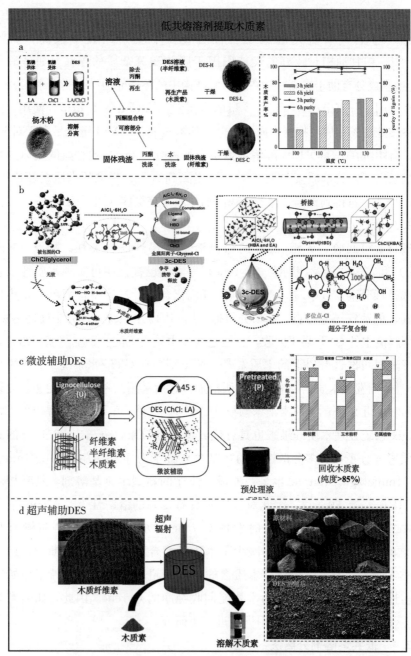

a. 使用 ChCl/LA 分离杨树高纯木质素[94]；b. 3c-DES（ChCl/glycerol/AlCl₃·
6H₂O）促进木质素的分离[95]；c. 微波辅助 ChCl/LA 处理实现木质素的超快速分
离[96]；d. 超声辅助低共熔溶剂实现木质素增溶[97]。

图 4-11 低共熔溶剂用于提取木质素

和表 4-2 展示了 DES 提取木质素的三种策略:二元低共熔溶剂(BDES)、三元低共熔溶剂(TDES)和辅助技术结合 DES。这些方法已被证明在分离木质素方面的优异性能,为该领域的进一步研究提供了重要的参考。

表 4-2 不同种类 DESs 用于木质素的提取

处理	原料	实验条件	木质素提取/回收/%	木质素纯度/%	参考文献
ChCl∶LA (1∶1)	杨树	145℃, 6h, LSR=4∶1	78	—	[98]
	花旗松	145℃, 6h LSR=4∶1	58	95.4	
ChCl∶LA (1∶2)	桃树 黑胡桃	145℃, 6h, LSR=9∶1	63.4 70.2	—	[99]
ChCl∶LA (1∶2)	小麦秸秆	150℃, 6h, LSR=20∶1	81.54	91.33	[100]
ChCl∶LA (9∶1)	杨树	120℃, 6h, LSR=49∶1	95	98.1	[94]
LA∶Py (1∶1)	小麦秸秆	145℃, 9h, LSR=10∶1	93.7	98.2	[101]
ChCl∶PCA (1∶1)	合欢皮	180℃, 7h, LSR=10∶1	64.03	—	[102]
ChCl∶LA∶TA (1∶4∶1)	海岸松	175℃, 1h, LSR=10∶1	95	89	[103]
ChCl∶LA∶FA (1∶1∶1)	刚松	130℃, 6h, LSR=10∶1	>60	>90	[104]
ChCl∶LA (1∶5) +5.0%H$_2$O	水稻秸秆	60℃, 12h, LSR=10∶1	60±5	>90	[105]
BTEAC∶FA (1∶1) +10% H$_2$O	竹笋壳	120℃, 20min, LSR=10∶1	85.2	—	[106]
ChCl∶EG (1∶2) +30% H$_2$O	柳枝稷	130℃, 30min, LSR=10∶1	79	86	[107]
ChCl∶Gly∶AlCl$_3$·6H$_2$O (1∶2∶0.28)	杨树	120℃, 4h, LSR=20∶1	95.46	96	[95]

（续）

处　理	原料	实验条件	木质素提取/回收/%	木质素纯度/%	参考文献
ChCl：BDO：AlCl₃（25：50：1）	竹竿	120℃，1h，LSR=10：1	85.45	—	[108]
ChCl：OA（1：1）+MW	木材	110℃，6h，MW（80℃，3min），LSR=20：1	80	96	[109]
ChCl：LA+MW	柳枝稷	110℃，6h，MW（60℃，45s），LSR=10：1	42.67~70.84	84.96~87.42	[96]
ChCl：FA（1：4）+MW	松树	MW（140℃，14min），LSR=6.7：1	85	95	[110]
ChCl：OA（1：1）+MiW	桦木	MW（130℃，60min），LSR=10：1	85	—	[111]
ChCl：FA（1：2）+MW	芒属	MW（130，30min），LSR=10：1	>80	—	
ChCl：FA（1：1）+US	棉花秸秆	180℃，3h，US（32kHz，30min），LSR=10：1	87.7	97.3	[112]
ChCl：Gly：AlCl₃·6H₂O（1：2：0.2）+US+MW	葱根	US（3min）+MW（80℃，20min），LSR=10：1	92.34	—	[113]
ChCl：LA（1：2）+HWP	小麦秸秆	150℃，3h，HWP（24h），LSR=10：1	89.04	88.41	[114]

注：ChCl 为氯化胆碱；BDO 为 1,4-丁二醇；BTEAC 为氯化苄基三乙基铵；PCA 为对香豆酸；Gly 为甘油；EG 为乙二醇；FA 为甲酸；Py 为吡唑；LA 为乳酸；MA 为马来酸；OA 为草酸；TA 为单宁酸；MW 为微波；US 为超声；HWP 为水热处理；LSR 为液固比。

继 2004 年 DES 被提出可由氯化胆碱（ChCl）与尿素混合而成后，众多学者在此基础上不断研究出其他 DESs。例如，Alvarez-Vasco 等[98]研究了 ChCl 分别与乙酸、乳酸、乙酰丙酸和甘油组成的 DESs 提取木质素的效果。结果表明，氯化胆碱和乳酸（ChCl/LA）实现了最高的木质素提取率（杨木 78%，杉木 58%），且获得的杉木木质素具有较高的纯度（95%）和独特的结构性能。该组合 DES 木质素得率高于其他 DESs 的原因可能是乳酸具有较高的氢键可接受性，在脱木质素过程中对醚键作用力更强，更容易使木质素之间的醚键断裂。众多学者也对 ChCl/LA 处理木质纤维素开展了系列研究。例如，Li 等[99]使用 DES（ChCl/LA）处理核桃和桃内果皮，其木质素提取率分别达到 64.3% 和 70.2%，均显著高于采用酸法预处理的木质素提取率（28.5% 和 22.2%）和采用碱法预处理的木质素提取率（50.9% 和 48.7%）。同样，Ma 等[100]也采用上述 DES 处理小麦秸秆，结果表明，DES 预处理显著提高了木质素提取率，在 150℃ 处理 6h 获得了高产率（81.54%）和高纯度（91.33%）的木质素。Chen 等[94]探究了不同混合比例的 ChCl/LA 选择性提取木质的能力，结果表明，当 ChCl/LA 摩尔比为 9:1，在 120℃ 下反应 6h 时，木质素最佳溶解率可达 95%，且再生木质素（DES-L）的纯度高达 98.1%（图 4-11a）。除此之外，还有很多 DESs 在分离木质素方面表现出优异性能。研究发现基于 N-杂环的低共熔溶剂——乳酸和吡唑（La-Py DES）具有二元氢键功能，其对木质素具有高亲和力。用该 DES 处理小麦秸秆最高可提取 93.7% 的木质素[101]。Chen 等[102]使用一种新型木质素衍生的 DES [ChCl/对羟基肉桂酸（PCA）] 处理合欢皮时发现增加 PCA 含量有助于形成更多的氢键，从而提高 DES 稳定性和木质素回收率（64.03%）。

黏度是影响 DES 提取木质素的重要因素之一。DES 黏度太高会阻止其与木质纤维素之间的质量传递，因此降低 DES 黏度是提高木质素提取率的主要策略。降低 DES 黏度可采用加热法，但高温会促进木质素的再聚合[115]。研究发现，在二元 DES 中加入第三组分可缓解 DES 黏度过高的问题，促进 DES 与木质素分子间传质，从而加速反应进程[116]。大量研究表明，将两种不同的二元 DES 的 HBD 结合而形成 TDES，可协同提高处理性能。例如，Kandanelli 等[117]将 DES（ChCl-草酸）与醇（OL）组成新型三元低共熔溶剂体系（DES-OL）处理生物质。结果证明，醇类可以通过降低 DES 体系黏度来增强 DES-OL 体系中各组分与木质纤维素之间的协同作用，使 DES-OL 对木质素的提取率高于二元 DES。Fernandes 等[103]研究报道，与 ChCl/TA（单宁酸）和 ChCl/LA 相比，将两种酸结合形成 ChCl/LA/TA 可获得更高的木质素提取率（95%），同时具有较高纯度（89%）。Oh 等[104]将两种 HBD 组合为 ChCl/LA/FA（1:1:1）以处理松木，在这项工作中，成功提取了 60% 的木质素（纯度＞90%），且其具有较低的分子量。此外，Kumar 等[105]使用中性 DES（ChCl/LA）处理稻草时发现，将适量的水作为第三组分加入 DES 中也可提高对木质素的提取。这可能是因为水的加入改善了 DES 特性：降低 DES 体系密度、黏度以及导电率等。他们还发现，当水的添加量超过一定范围时，木质素提取率反而降低。如添加 50％的水会使木质素的提取率降至最低。同样，Xu 等[106]最近研究发现，当苄基三乙基氯化铵/甲酸（BTEAC/FA）中的含水量从 10％增加到 50％时，竹笋壳的木质素分离率从 85.2％降低到 80.9％。这可能是因为过量的水降低了 DES 和生物质之间的碰撞频率，使 DES 体系各组分之间的强氢键作用消失，从而降低了体系的分离性能[118]。除此之外，有学者证明第三组分的添加能够为 DES 体系提供活性质子和酸性位点，进而催化木质纤维素的组分分离。Xia 等[95]分析了二元 DES 体系（ChCl/甘油）中两组分间的相互作用，他们发现该体系中的分子内氢键受到阴离子［Cl（甘油）］⁻ 和阳离子［Ch（甘油）］⁺ 的约束，降低了其对 LCC 中连接键的相互作用。此外，活性质子和酸性位点的缺乏，导致 DES 无法裂解 LCC 中的醚键。为了解决上述问题，该团队基于酸性多位点配位理论，设计三组分 DES（3c-DES）——ChCl/甘油 DES 中配位 $AlCl_3 \cdot 6H_2O$。研究发现，3c-DES 中酸性强度和氢键接受能力均得到增强，且多位点桥连配体能够同时裂解低碳链中的氢键和醚键。最终木质素的分离率从 3.61％显著提高到 95.5％，且该木质素具有较高纯度（94％）（图 4-11b）。

除了上述的二元和三元低共熔溶剂外，将 DES 处理与微波和超声波等其他新技术相结合可提高 DES 对木质纤维素的分离效率[119]。与纯 DES 处理工艺相比，微波辅助 DES 分离木质纤维素具有较低的能量输入、较短的反应时间和简单的反应器配置等特点，这些有助于降低 DES 提取木质素的成本。Liu 等[109]选用 ChCl 和草酸二水合物组成 DES，然后在微波辐射下加热 3min，实现了木质纤维素的快速分离。结果表明，提取的木质素表现出高纯度（约 96％）、低分子量和低多分散性（1.25）。Chen 等[96]也开发了超快速（0.75～3.00min）微波辅助 DES 用于木质纤维素分离的工艺。采用 ChCl 与乳酸组成的 DES 体系，在微波辐射处理生物质 45s 后回收了 42.67％～70.84％的高纯度木质素（84.96％～87.42％）（图 4-11c）。最近，Ceaser 等[110]利用微波辅助 ChCl：FA 预处理软木混合物，在最佳预处理条件下，回收了约 85％的木质素，纯度为 95％。同样，也有其他团队利用该方法处理芒属植物和桦木表现出优异的分离木质素效果[111]。超声波振动会形成空化效应，在破坏木质纤维素聚合物结构方面起着重要作用。同时，木质素单元之间的酯键在超声波条件下易破坏，可提高木质素的溶解速度，从而更容易地提取木质素[119,120]。Malaeke 等[97]报道超声辅助可提高木质素在 DES 的溶解度。研究结果显示，在超声波辅助条件下，木质素在 DES 中的溶解度高达 50%，且分离出的木质素颗粒粒径较小且规整，其分子结构特征基本保持不变（图 4 - 11d）。此外，Xu 等[112]制备了不同摩尔比的 DES（ChCl/FA），并通过改变超声波频率以实现协同提取木质素。结果表明，在最佳条件下能够提取 87.7% 木质素，且纯度达到 97.3%。

4.4 结论与展望

木质纤维素的潜力巨大，未来发展前景广阔。从高值化生物精炼的角度，生物转化在木质纤维素综合利用、深加工及高附加值产品开发领域的研究进展表明，木质纤维素基化学品、材料在新能源之外的其他领域如食品、药品、新材料制造等方面也具有广泛的应用可能性及高值化应用潜力[121]。但是，由于木质纤维素高度有序的三维结构、极高的化学稳定性和热稳定性等特性提高了其分离和提取难度，因此很难实现木质纤维素全组分的高值利用[18]。近年来，为了实现木质纤维素类生物质的高效分离提取和转化利用，人们不断开发出一系列木质纤维素分离方法。本章重点阐述了木质纤维素选择性优先分离策略，包括纤维素优先分离、半纤维素优先分离、木质素优先分离。之后根据市场需求，将分离出的组分用以生产目标化学品、材料或生物能源。木质纤维素选择性优先分离策略具有提高分离效率、科学研究价值并促进产业发展等多方面的优势，应用前景十分广泛。然而，基于目前的技术水平，加之木质纤维素的复杂结构和独特性质，各种分离技术仍面临诸多挑战，通过绿色低成本的工艺实现所有成分的成功分离仍有难度。因此，为了实现最终目标，我们还应不断探索新的分离和提取方法，以实现木质纤维素的广泛应用和工业化生产。

4.4.1 强化木质纤维素的结构特性研究

木质纤维素的晶体结构和化学组成是影响其物理化学性质和分离效果的关键因素。因此，从木质纤维素的超微结构到分子水平，深入研究木质纤维素的晶体结构和化学组成，了解其结构特点和化学键合方式，为后续的分离和应用提供理论支持。

4.4.2　分离技术的创新

随着科技的不断进步，传统的化学、物理分离方法应得到优化和改进，以提高分离效率、降低成本并减少对环境的影响。同时，新型的分离技术，如超临界流体分离或其他绿色溶剂也可引入木质纤维素组分分离领域，为分离技术的发展带来新机遇。此外，可以从微米到纳米的多尺度上研究木质纤维素的分离和转化过程，开发多尺度分离技术，为获取高附加值的木质纤维素组分提供技术支持。

4.4.3　分离工艺的优化

木质纤维素组分分离技术将更加注重工艺的优化。通过对分离工艺的深入研究，可探究出各工艺环节之间的相互影响和作用机制，从而更好地掌握和控制整个分离过程。此外，通过提升工业化生产技术，实现木质纤维素组分的大规模分离和制备。例如，可以研发连续化、自动化和智能化的分离设备和技术，提高生产效率和产品质量。

4.4.4　生物质原料的多样性

随着生物质资源的多样化发展，木质纤维素组分分离技术应该更注重对不同种类生物质原料的利用。除了传统的农作物和木材等生物质资源，可以开发新的生物质资源，如海藻、甘蔗渣、竹子等。这些资源具有不同的化学组成和物理性质，可以丰富木质纤维素的应用领域，并实现资源的多样性和最大化利用。

4.4.5　环保和可持续性的考虑

木质纤维素组分分离技术将更加注重环保和可持续性。在分离过程中将更多地考虑减少废弃物的产生、降低能源消耗和采用可再生资源等方面，以实现资源的循环利用和可持续发展。例如，反应系统中的催化剂可结合具体情况制定相应的回收方案，并对回收效果进行评估和优化。回收催化剂不仅可以提高其利用率和经济效益，还可以保护环境并减少资源浪费。

4.4.6　木质素的高值化利用研究

木质素是木质纤维素的重要组成部分，其高效利用一直是木质纤维素全组分利用的关键。近几年，科研界提出了"木质素优先"策略来提高木质素的利用率，但对其分离和转化工作仍存在较大困难。利用木质素制备芳香族化合物对其高值化利用以及提高生物质利用的整体经济性均具有重要意义。因此，如何通过选择合适的处理方法、催化剂以及优化反应条件，实现木质素的高质量高值转化，将是未来研究的重要方向。

参 考 文 献

[1] Lange J P. Lignocellulose liquefaction to biocrude: a tutorial review. Chemsuschem, 2018, 11 (6): 997 - 1014.

[2] Jatoi A S, Abbasi S A, Hashmi Z, et al. Recent trends and future perspectives of lignocellulose biomass for biofuel production: a comprehensive review. Biomass Conversion and Biorefinery, 2023, 13 (8): 6457 - 6469.

[3] Chang J S, Show P L, Lee D J, et al. Recent advances in lignocellulosic biomass refinery. Bioresource Technology, 2022, 347: 126735.

[4] Yoo C G, Meng X, Pu Y, et al. The critical role of lignin in lignocellulosic biomass conversion and recent pretreatment strategies: a comprehensive review. Bioresource Technology, 2020: 301.

[5] Nan Y, Jia L, Yang M, et al. Simplified sodium chlorite pretreatment for carbohydrates retention and efficient enzymatic saccharification of silvergrass. Bioresource Technology, 2018, 261: 223 - 231.

[6] Chen L, Tsui T H, Ekama G A, et al. Development of biochemical sulfide potential (BSP) test for sulfidogenic biotechnology application. Water Research, 2018, 135: 231 - 240.

[7] Rajulu A V, Meng Y Z, Li X H, et al. Effect of alkali treatment on properties of the lignocellulose fabric <i>Hildegardia</i>. Journal of Applied Polymer Science, 2003, 90 (6): 1604 - 1608.

[8] Bali G, Meng X, Deneff J I, et al. The effect of alkaline pretreatment methods on cellulose structure and accessibility. Chemsuschem, 2015, 8 (2): 275 - 279.

[9] Correia J A D, Marques J E, Goncalves L R B, et al. Alkaline hydrogen peroxide pretreatment of cashew apple bagasse for ethanol production: study of parameters. Bioresource Technology, 2013, 139: 249 - 256.

[10] Rabelo S C, Andrade R R, Maciel R, et al. Alkaline hydrogen peroxide pretreatment,

enzymatic hydrolysis and fermentation of sugarcane bagasse to ethanol. Fuel，2014，136：349 - 357.

[11] Li M F，Yang S，Sun R C. Recent advances in alcohol and organic acid fractionation of lignocellulosic biomass. Bioresource Technology，2016，200：971 - 980.

[12] Dussan K，Girisuta B，Haverty D，et al. The effect of hydrogen peroxide concentration and solid loading on the fractionation of biomass in formic acid. Carbohydrate Polymers，2014，111：374 - 384.

[13] Zhu J Y，Pan X J，Wang G S，et al. Sulfite pretreatment（SPORL）for robust enzymatic saccharification of spruce and red pine. Bioresource Technology，2009，100（8）：2411 - 2418.

[14] Zhang D S，Yang Q，Zhu J Y，et al. Sulfite（SPORL）pretreatment of switchgrass for enzymatic saccharification. Bioresource Technology，2013，129：127 - 134.

[15] Iakovlev M，Van Heiningen A. Efficient fractionation of spruce by SO_2-ethanol-water treatment：closed mass balances for carbohydrates and sulfur. Chemsuschem，2012，5（8）：1625 - 1637.

[16] Ortega J O，Vargas J A M，Perrone O M，et al. Soaking and ozonolysis pretreatment of sugarcane straw for the production of fermentable sugars. Industrial Crops and Products，2020，145：11959.

[17] Li C，Wang L，Chen Z X，et al. Ozonolysis of wheat bran in subcritical water for enzymatic saccharification and polysaccharide recovery. Journal of Supercritical Fluids，2021，168：105092.

[18] Jönsson L J，Martín C. Pretreatment of lignocellulose：formation of inhibitory by-products and strategies for minimizing their effects. Bioresource Technology，2016，199：103 - 112.

[19] Malolan V V，Trilokesh C，Uppuluri K B，et al. Ionic liquid assisted the extraction of cellulose from de-oiled<i>Calophyllum inophyllum</i>cake and its characterization. Biomass Conversion and Biorefinery，2022，12（12）：5687 - 5693.

[20] Yang D，Zhong L X，Yuan T Q，et al. Studies on the structural characterization of lignin，hemicelluloses and cellulose fractionated by ionic liquid followed by alkaline extraction from bamboo. Industrial Crops and Products，2013，43：141 - 149.

[21] Glinska K，Gitalt J，Torrens E，et al. Extraction of cellulose from corn stover using designed ionic liquids with improved reusing capabilities. Process Safety and Environmental Protection，2021，147：181 - 191.

[22] Haykir N I，Soysal K，Yaglikci S，et al. Assessing the effect of protic ionic liquid pre-

treatment of <i>Pinus radiata</i> from different perspectives including solvent-water ratio. Journal of Wood Chemistry and Technology，2021，41（6）：236－248.

[23] Liu Y，Zheng X J，Tao S H，et al. Process optimization for deep eutectic solvent pretreatment and enzymatic hydrolysis of sugar cane bagasse for cellulosic ethanol fermentation. Renewable Energy，2021，177：259－267.

[24] Xie J X，Xu J，Cheng Z，et al. Phosphotungstic acid assisted with neutral deep eutectic solvent boost corn straw pretreatment for enzymatic saccharification and lignin extraction. Industrial Crops and Products，2021，172：14058.

[25] Huang C，Zhan Y N，Cheng J Y，et al. Facilitating enzymatic hydrolysis with a novel guaiacol-based deep eutectic solvent pretreatment. Bioresource Technology，2021，326：124696.

[26] Duan C J，Han X，Chang Y H，et al. A novel ternary deep eutectic solvent pretreatment for the efficient separation and conversion of high-quality gutta-percha，value-added lignin and monosaccharide from<i> Eucommia</i><i> ulmoides</i> seed shells. Bioresource Technology，2023，370：128570.

[27] Sun X W，Zhou Z H，Tian D，et al. Acidic deep eutectic solvent assisted mechanochemical delignification of lignocellulosic biomass at room temperature. International Journal of Biological Macromolecules，2023，234：123593.

[28] Lu A，Yu X，Ji Q，et al. Preparation and characterization of lignin-containing cellulose nanocrystals from peanut shells using a deep eutectic solvent containing lignin-derived phenol. Industrial Crops and Products，2023，195：16415.

[29] Cheng J，Liu X，Huang C，et al. Novel biphasic DES/GVL solvent for effective biomass fractionation and valorization. Green Chemistry，2023，25（16）：6270－6281.

[30] Shen G N，Yuan X C，Cheng Y，et al. Densification pretreatment with a limited deep eutectic solvent triggers high-efficiency fractionation and valorization of lignocellulose. Green Chemistry，2023，25（20）：8026－8039.

[31] Ci Y H，Yu F，Zhou C X，et al. New ternary deep eutectic solvents for effective wheat straw deconstruction into its high-value utilization under near-neutral conditions. Green Chemistry，2020，22（24）：8713－8720.

[32] Yazdanbakhsh M F，Rashidi A. The effect of ultrasonic waves on alpha-cellulose extraction from wheat bran to prepare alpha-cellulose nanofibers. Journal of The Textile Institute，2020，111（10）：1518－1529.

[33] Kim D. Physico-chemical conversion of lignocellulose：inhibitor effects and detoxification strategies：a mini review. Molecules，2018，23（2）：309.

[34] Alvira P, Tomás-Pejó E, Ballesteros M, et al. Pretreatment technologies for an efficient bioethanol production process based on enzymatic hydrolysis: a review. Bioresource Technology, 2010, 101 (13): 4851 - 4861.

[35] Yan M, Wu T, Ma J X, et al. Characteristic comparison of lignocellulose nanofibril from wheat straw having different mechanical pretreatments. Journal of Applied Polymer Science, 2022, 139 (43): e53054.

[36] Ravindran R, Jaiswal A K. A comprehensive review on pre-treatment strategy for lignocellulosic food industry waste: challenges and opportunities. Bioresource Technology, 2016, 199: 92 - 102.

[37] Vu N D, Tran H T, Bui N D, et al. Lignin and cellulose extraction from vietnam's rice straw using ultrasound-assisted alkaline treatment method. International Journal of Polymer Science, 2017: 1 - 8.

[38] Singh S S, Lim L T, Manickavasagan A. Ultrasound-assisted alkali-urea pre-treatment of <i>Miscanthus</i> x <i>giganteus</i> for enhanced extraction of cellulose fiber. Carbohydrate Polymers, 2020, 247: 116758.

[39] Tao X, Li J, Zhang P Y, et al. Reinforced acid-pretreatment of <i>Triarrhena lutarioriparia</i> to accelerate its enzymatic hydrolysis. International Journal of Hydrogen Energy, 2017, 42 (29): 18301 - 18308.

[40] Özbek H N, Yanik D K, Fadiloglu S, et al. Effect of microwave-assisted alkali pretreatment on fractionation of pistachio shell and enzymatic hydrolysis of cellulose-rich residues. Journal of Chemical Technology and Biotechnology, 2021, 96 (2): 521 - 531.

[41] Song Y, Jiang W, Zhang Y M, et al. Isolation and characterization of cellulosic fibers from kenaf bast using steam explosion and fenton oxidation treatment. Cellulose, 2018, 25 (9): 4979 - 4992.

[42] Haddis D Z, Chae M, Asomaning J, et al. Evaluation of steam explosion pretreatment on the cellulose nanocrystals (CNCs) yield from poplar wood. Carbohydrate Polymers, 2024, 323: 121460.

[43] Esteghlalian A, Hashimoto A G, Fenske J J, et al. Modeling and optimization of the dilute-sulfuric-acid pretreatment of corn stover, poplar and switchgrass. Bioresource Technology, 2021, 341: 125757.

[44] Luo Y D, Li Y, Cao L M, et al. High efficiency and clean separation of eucalyptus components by glycolic acid pretreatment. Bioresource Technology, 2021: 341.

[45] Xu F, Liu C F, Geng Z C, et al. Characterisation of degraded organoslv hemicelluloses

from wheat straw. Polymer Degradation and Stability, 2006, 91 (8): 1880 - 1886.

[46] Sun S L, Wen J L, Ma M G, et al. Successive alkali extraction and structural characterization of hemicelluloses from sweet sorghum stem. Carbohydrate Polymers, 2013, 92 (2): 2224 - 2231.

[47] Peng F, Bian J, Ren J L, et al. Fractionation and characterization of alkali-extracted hemicelluloses from peashrub. Biomass & Bioenergy, 2012, 39: 20 - 30.

[48] Li J, Liu Z, Feng C, et al. Green, efficient extraction of bamboo hemicellulose using freeze-thaw assisted alkali treatment. Bioresource Technology, 2021, 333: 125107.

[49] Wang X, He J, Pang S, et al. High-efficiency and high-quality extraction of hemicellulose of bamboo by freeze-thaw assisted two-step alkali treatment. International Journal of Molecular Sciences, 2022, 23 (15): 8612.

[50] Zeng F, Wang S, Liang J, et al. High-efficiency separation of hemicellulose from bamboo by one-step freeze-thaw-assisted alkali treatment. Bioresource Technology, 2022, 361: 127735.

[51] Aachary A A, Prapulla S G. Xylooligosaccharides (XOS) as an emerging prebiotic: microbial synthesis, utilization, structural characterization, bioactive properties, and applications. Comprehensive Reviews in Food Science and Food Safety, 2011, 10 (1): 2 - 16.

[52] Makishima S, Mizuno M, Sato N, et al. Development of continuous flow type hydrothermal reactor for hemicellulose fraction recovery from corncob. Bioresource Technology, 2009, 100 (11): 2842 - 2848.

[53] Li H Q, Jiang W, Jia J X, et al. pH pre-corrected liquid hot water pretreatment on corn stover with high hemicellulose recovery and low inhibitors formation. Bioresource Technology, 2014, 153: 292 - 299.

[54] Goldmann W M, Ahola J, Mikola M, et al. Formic acid aided hot water extraction of hemicellulose from European silver birch (< i > Betula pendula </i >) sawdust. Bioresource Technology, 2017, 232: 176 - 182.

[55] Mihiretu G T, Brodin M, Chimphango A F, et al. Single-step microwave-assisted hot water extraction of hemicelluloses from selected lignocellulosic materials-a biorefinery approach. Bioresource Technology, 2017, 241: 669 - 680.

[56] Sun S C, Xu Y, Ma C Y, et al. Green and efficient fractionation of bamboo biomass via synergistic hydrothermal-alkaline deep eutectic solvents pretreatment: valorization of carbohydrates. Renewable Energy, 2023, 217: 119175.

[57] Ma C Y, Xu L H, Zhang C, et al. A synergistic hydrothermal-deep eutectic solvent

(DES) pretreatment for rapid fractionation and targeted valorization of hemicelluloses and cellulose from poplar wood. Bioresource Technology, 2021, 341: 125828.

[58] Wang R Z, Wang K, Zhou M H, et al. Efficient fractionation of moso bamboo by synergistic hydrothermal-deep eutectic solvents pretreatment. Bioresource Technology, 2021, 328: 124873.

[59] Sun Z H, Fridrich B, De Santi A, et al. Bright side of lignin depolymerization: toward new platform chemicals. Chemical Reviews, 2018, 118 (2): 614 - 678.

[60] Rinaldi R, Jastrzebski R, Clough M T, et al. Paving the way for lignin valorisation: recent advances in bioengineering, biorefining and catalysis. Angewandte Chemie-International Edition, 2016, 55 (29): 8164 - 8215.

[61] Renders T, Van Den Bosch S, Koelewijn S F, et al. Lignin-first biomass fractionation: the advent of active stabilisation strategies. Energy & Environmental Science, 2017, 10 (7): 1551 - 1557.

[62] Carvajal J C, Gómez A, Cardona C A. Comparison of lignin extraction processes: economic and environmental assessment. Bioresource Technology, 2016, 214: 468 - 476.

[63] Figueiredo P, Lintinen K, Hirvonen J T, et al. Properties and chemical modifications of lignin: towards lignin-based nanomaterials for biomedical applications. Progress in Materials Science, 2018, 93: 233 - 269.

[64] Chakar F S, Ragauskas A J. Review of current and future softwood kraft lignin process chemistry. Industrial Crops and Products, 2004, 20 (2): 131 - 141.

[65] Schutyser W, Renders T, Van Den Bosch S, et al. Chemicals from lignin: an interplay of lignocellulose fractionation, depolymerisation, and upgrading. Chemical Society Reviews, 2018, 47 (3): 852 - 908.

[66] Rahman M M, Arafat K M Y, Jin Y C, et al. Structural characterization of potassium hydroxide liquor lignin and its application in biorefinery. Biomass Conversion and Biorefinery, 2023, 13 (2): 727 - 737.

[67] Costa A G, Pinheiro G C, Pinheiro F G C, et al. The use of thermochemical pretreatments to improve the anaerobic biodegradability, and biochemical methane potential of the sugarcane bagasse. Chemical Engineering Journal, 2014, 248: 363 - 372.

[68] Cuzens J C, Miller J R. Acid hydrolysis of bagasse for ethanol production. Renewable Energy, 1997, 10 (2 - 3): 285 - 290.

[69] Bunzel M, Schüssler A, Saha G T. Chemical characterization of Klason lignin preparations from plant-based foods. Journal of Agricultural and Food Chemistry, 2011, 59 (23): 12506 - 12513.

［70］ Jung H J G, Varel V H, Weimer P J, et al. Accuracy of Klason lignin and acid deter-gent lignin methods as assessed by bomb calorimetry. Journal of Agricultural and Food Chemistry, 1999, 47 (5): 2005 - 2008.

［71］ Qiao H, Ouyang S, Shi J, et al. Mild and efficient two-step pretreatment of lignocellu-lose using formic acid solvent followed by alkaline salt. Cellulose, 2021, 28 (3): 1283 - 1293.

［72］ Ouyang J, He W Q, Li Q M, et al. Separation of lignocellulose and preparation of xy-lose from <i>miscanthus lutarioriparius</i> with a formic acid method. Applied Sci-ences-Basel, 2022, 12 (3): 1432.

［73］ Sahu S, Pramanik K. Evaluation and optimization of organic acid pretreatment of cotton gin waste for enzymatic hydrolysis and bioethanol production. Applied Biochemistry and Biotechnology, 2018, 186 (4): 1047 - 1060.

［74］ Ma S, Chen B, Zeng A, et al. Chemical structure change of lignin extracted from bam-boo biomass by maleic acid. International Journal of Biological Macromolecules, 2022, 221: 986 - 993.

［75］ Feng C, Zhu J, Cao L, et al. Acidolysis mechanism of lignin from bagasse during <i>p</i>-toluenesulfonic acid treatment. Industrial Crops and Products, 2022, 176: 114374.

［76］ Ji H, Wang L, Pang Z, et al. Using a recyclable acid hydrotrope and subsequent short-term ultrasonic pretreatment to facilitate high-value lignin extraction and high-titer etha-nol production. Cellulose, 2020, 27 (13): 7561 - 7573.

［77］ Abu-Omar M M, Barta K, Beckham G T, et al. Guidelines for performing lignin-first biorefining. Energy & Environmental Science, 2021, 14 (1): 262 - 292.

［78］ Zijlstra D S, Lahive C, Analbers C A, et al. Mild organosolv lignin extraction with al-cohols: the importance of benzylic alkoxylation. Acs Sustainable Chemistry & Engineer-ing, 2020, 8 (13): 5119 - 5131.

［79］ Pan Z, Li Y, Zhang Z, et al. Fractionation of light-colored lignin via lignin-first strate-gy and enhancement of cellulose saccharification towards biomass valorization. Industrial Crops and Products, 2022, 186: 126122.

［80］ Madadi M, Elsayed M, Sun F, et al. Sustainable lignocellulose fractionation by integrating p-toluenesulfonic acid/pentanol pretreatment with mannitol for efficient production of glucose, native-like lignin, and furfural. Bioresource Technology, 2023, 371: 128591.

［81］ Wang B, Shen X J, Wen J L, et al. Evaluation of organosolv pretreatment on the structural characteristics of lignin polymers and follow-up enzymatic hydrolysis of the substrates from <i>Eucalyptus</i> wood. International Journal of Biological Macro-molecules，2017，97：447 – 459.

[82] Fan D，Yang J，Xie X，et al. Microwave-assisted fractionation of poplar sawdust into high-yield noncondensed lignin and carbohydrates in methanol/p-toluenesulfonic acid. Chemical Engineering Journal，2023，454（2）：140237.

[83] Florian T D M，Villani N，Aguedo M，et al. Chemical composition analysis and struc-tural features of banana rachis lignin extracted by two organosolv methods. Industrial Crops and Products，2019，132：269 – 274.

[84] Yu Y，Cheng W，Li Y，et al. Tailored one-pot lignocellulose fractionation to maximize biorefinery toward versatile xylochemicals and nanomaterials. Green Chemistry，2022，24（8）：3257 – 3268.

[85] Hassanpour M，Abbasabadi M，Gebbie L，et al. Acid-catalyzed glycerol pretreatment of sugarcane bagasse：understanding the properties of lignin and its effects on enzymatic hydrolysis. Acs Sustainable Chemistry & Engineering，2020，8（28）：10380 – 10388.

[86] Hassanpour M，Abbasabadi M，Moghaddam L，et al. Mild fractionation of sugarcane bagasse into fermentable sugars and β-O-4 linkage-rich lignin based on acid-catalysed crude glycerol pretreatment. Bioresource Technology，2020，318：124059.

[87] Raman A A A，Tan H W，Buthiyappan A. Two-step purification of glycerol as a value added by product from the biodiesel production process. Frontiers in Chemistry，2019，7：774.

[88] Chu Q，Tong W，Wu S，et al. Eco-friendly additives in acidic pretreatment to boost enzymatic saccharification of hardwood for sustainable biorefinery applications. Green Chemistry，2021，23（11）：4074 – 4086.

[89] Huy Quang L，Pokki J P，Borrega M，et al. Chemical recovery of γ-valerolactone/wa-ter biorefinery. Industrial & Engineering Chemistry Research，2018，57（44）：15147 – 15158.

[90] Wu P，Li L，Sun Y，et al. Near complete valorisation of <i>Hybrid pennisetum</i> to biomethane and lignin nanoparticles based on gamma-valerolactone/water pre-treatment. Bioresource Technology，2020，305：123040.

[91] Yang X，Song Y，Ma S，et al. Using γ-valerolactone and toluenesulfonic acid to ex-tract lignin efficiently with a combined hydrolysis factor and structure characteristics a-nalysis of lignin. Cellulose，2020，27（7）：3581 – 3590.

[92] Camp J E. Bio-available solvent cyrene: synthesis, derivatization, and applications. Chemsuschem, 2018, 11 (18): 3048 – 3055.

[93] Meng X, Pu Y, Li M, et al. A biomass pretreatment using cellulose-derived solvent Cyrene. Green Chemistry, 2020, 22 (9): 2862 – 2872.

[94] Chen Y, Zhang L, Yu J, et al. High-purity lignin isolated from poplar wood meal through dissolving treatment with deep eutectic solvents. Royal Society Open Science, 2019, 6 (1): 181757.

[95] Xia Q, Liu Y, Meng J, et al. Multiple hydrogen bond coordination in three-constituent deep eutectic solvents enhances lignin fractionation from biomass. Green Chemistry, 2018, 20 (12): 2711 – 2721.

[96] Chen Z, Wan C. Ultrafast fractionation of lignocellulosic biomass by microwave-assisted deep eutectic solvent pretreatment. Bioresource Technology, 2018, 250: 532 – 537.

[97] Malaeke H, Housaindokht M R, Monhemi H, et al. Deep eutectic solvent as an efficient molecular liquid for lignin solubilization and wood delignification. Journal of Molecular Liquids, 2018, 263: 193 – 199.

[98] Alvarez-Vasco C, Ma R, Quintero M, et al. Unique low-molecular-weight lignin with high purity extracted from wood by deep eutectic solvents (DES): a source of lignin for valorization. Green Chemistry, 2016, 18 (19): 5133 – 5141.

[99] Li W, Amos K, Li M, et al. Fractionation and characterization of lignin streams from unique high-lignin content endocarp feedstocks. Biotechnology for Biofuels, 2018: 11.

[100] Ma H, Fu P, Zhao J, et al. Pretreatment of wheat straw lignocelluloses by deep eutectic solvent for lignin extraction. Molecules, 2022, 27 (22): 7955.

[101] Lin K T, Wang C, Guo M F, et al. Lignin with controlled structural properties by N-heterocycle-based deep eutectic solvent extraction. Proceedings of The National Academy of Sciences of the United States of America, 2023, 120 (32): e2307323120.

[102] Chen L, Yu Q, Wang Q, et al. A novel deep eutectic solvent from lignin-derived acids for impro ving the enzymatic digestibility of herbal residues from cellulose. Cellulose, 2019, 26 (3): 1947 – 1959.

[103] Fernandes C, Melro E, Magalhaes S, et al. New deep eutectic solvent assisted extraction of highly pure lignin from maritime pine sawdust (Pinus pinaster Ait.). International Journal of Biological Macromolecules, 2021, 177: 294 – 305.

[104] Oh Y, Park S, Jung D, et al. Effect of hydrogen bond donor on the choline chloride-based deep eutectic solvent-mediated extraction of lignin from pine wood. International Journal of Biological Macromolecules, 2020, 165: 187 – 197.

[105] Kumar A K, Parikh B S, Pravakar M. Natural deep eutectic solvent mediated pretreatment of rice straw: bioanalytical characterization of lignin extract and enzymatic hydrolysis of pretreated biomass residue. Environmental Science and Pollution Research, 2016, 23 (10): 9265 - 9275.

[106] Xu Y, Liu Y H, Xu L H, et al. Enhancing saccharification of bamboo shoot shells by rapid one-pot pretreatment of hydrated deep eutectic solvent. Bioresource Technology, 2023, 380: 129090.

[107] Chen Z, Bai X, Lusi A, et al. High-solid lignocellulose processing enabled by natural deep eutectic solvent for lignin extraction and industrially relevant production of renewable chemicals. Acs Sustainable Chemistry & Engineering, 2018, 6 (9): 12205 - 12216.

[108] Cheng J, Huang C, Zhan Y, et al. Effective biomass fractionation and lignin stabilization using a diol DES system. Chemical Engineering Journal, 2022, 443: 136395.

[109] Liu Y, Chen W, Xia Q, et al. Efficient cleavage of lignin-carbohydrate complexes and ultrafast extraction of lignin oligomers from wood biomass by microwave-assisted treatment with deep eutectic solvent. Chemsuschem, 2017, 10 (8): 1692 - 1700.

[110] Ceaser R, Rosa S, Montane D, et al. Optimization of softwood pretreatment by microwave-assisted deep eutectic solvents at high solids loading. Bioresource Technology, 2023: 369: 128470.

[111] Kohli K, Katuwal S, Biswas A, et al. Effective delignification of lignocellulosic biomass by microwave assisted deep eutectic solvents. Bioresource Technology, 2020, 303: 122897.

[112] Xu Y, Ren T, Wu J, et al. Ultrasound-assisted formic acid-choline chloride deep eutectic solvent pretreatment of cotton straw to extracted lignin. Journal of Applied Polymer Science, 2023, 140 (30): e54082.

[113] Ji Q, Yu X, Yagoub A E-G A, et al. Efficient removal of lignin from vegetable wastes by ultrasonic and microwave-assisted treatment with ternary deep eutectic solvent. Industrial Crops and Products, 2020, 149: 112357.

[114] Lou R, Zhang X. Evaluation of pretreatment effect on lignin extraction from wheat straw by deep eutectic solvent. Bioresource Technology, 2022, 344: 126174.

[115] Shen X J, Wen J L, Mei Q Q, et al. Facile fractionation of lignocelluloses by biomass-derived deep eutectic solvent (DES) pretreatment for cellulose enzymatic hydrolysis and lignin valorization. Green Chemistry, 2019, 21 (2): 275 - 283.

[116] Huo D, Sun Y, Yang Q, et al. Selective degradation of hemicellulose and lignin for improving enzymolysis efficiency via pretreatment using deep eutectic solvents. Biore-

source Technology，2023，376：128937.

[117] Kandanelli R，Thulluri C，Mangala R，et al. A novel ternary combination of deep eutectic solvent-alcohol (<i>DES-OL</i>) system for synergistic and efficient delignification of biomass. Bioresource Technology，2018，265：573 – 576.

[118] Wang W，Lee D-J. Lignocellulosic biomass pretreatment by deep eutectic solvents on lignin extraction and saccharification enhancement：a review. Bioresource Technology，2021，339：125587.

[119] Sharma V，Tsai M L，Chen C W，et al. Deep eutectic solvents as promising pretreatment agents for sustainable lignocellulosic biorefineries：A review. Bioresource Technology，2022，360：127631.

[120] Ma Q，Ji Q，Chen L，et al. Multimode ultrasound and ternary deep eutectic solvent sequential pretreatments enhanced the enzymatic saccharification of corncob biomass. Industrial Crops and Products，2022，188：115574.

[121] Lin Y C，Huber G W. The critical role of heterogeneous catalysis in lignocellulosic biomass conversion. Energy & Environmental Science，2009，2 (1)：68 – 80.

第5章 秸秆分离组分高值利用案例

5.1 木质素基材料在农药缓控释体系中的应用

植物病害被认为是影响农业生产的最主要因素之一。据统计，全球范围内，病虫害导致小麦平均损失 21.5％、水稻损失 30.0％、玉米损失 22.6％、马铃薯损失 17.2％、大豆损失 21.4％[1]，由细菌、真菌、线虫和病毒引起的植物病害造成的全球经济损失每年超过 2 200 亿美元[2]。人类很早就使用农药来预防和控制农业病害，然而，时至今日，农药的使用仍存在一些亟待解决的问题。其中最常见的问题是，喷施农药过程中会发生蒸发、光解、弹跳、溅射等脱靶流失现象，有害生物受药量不足 0.1％[3]。此外，大多数农民依赖农药来控制害虫，提高农产品产量。农药的过度使用不仅会浪费物资、降低农产品质量、造成经济损失，还会对环境和非目标生物造成严重危害。

我国是世界上使用农药最多的国家，农药年使用商品量达 146 万 t（折合原药约 50 万 t)[4]。然而，我国农药的有效利用率偏低，2020 年 12 月农业农村部公布我国当年水稻、玉米、小麦三大粮食作物的农药利用率为 40.6％，虽较 2015 年提高了 4.0％，但仍低于发达国家 50％～60％的水平[5]。按照每亩用药成本 25 元人民币计算，我国农药施药效率低造成的经济损失达 1 200 亿元/年。除了造成巨大的经济损失外，大量的农药进入环境，严重影响着农业生态环境安全，制约着我国农产品质量提升和农业绿色发展。2022 年中央 1 号文件强调要深入推进农药等农业投入品减施增效，支持秸秆等生物质资源高值综合利用，加快推动农业农村绿色发展。研发绿色、高效、多功能农药载药体系，提高农药利用率、减少农药施用量，是国家重大需求，对促进我国农业绿色发展、保障农业生态稳定和安全具有重大价值和现实意义，也对推动农业产业现代化、带动产业升级具有重要作用。

为了解决农药施用衍生的经济和环境问题，科研人员开发了农药缓控释制剂。缓控释制剂可以使农药活性成分以缓慢或可控的速率释放到环境中，减少了农药降解、飘移、浸出等相关问题，提高了农药的利用效率，并最大程度地减少了对生态系统和其他非靶标生物的不利影响。近年来，天然聚合物因易于获取、价格低廉和可生物降解等特点，已成为研发环保、高效的农药缓控释制剂的新兴基质载体，尤其是木质素基农药缓控释体系引起了人们越来越多的关注。与其他材料相比，木质素用于研发农药缓控释制剂具有以下独特优势：①从制剂功能性的角度来看，木质素含有多种官能团，可通过化学改性（如羟基烷基化、酯化和胺化）来定制适用于不同的农业应用场景的缓释剂；②在农药利用效率方面，木质素结构中的酚羟基、酮基和生色团赋予其抗紫外和抗氧化性能，可减少农药在自然条件下的降解并延长其持效期；③从环境保护的角度考虑，木质素无毒、无害、可自然降解，不会产生细胞毒性；④在作物生长方面，木质素降解后可转化为腐殖质从而提高土壤肥力[6]。此外，木质素中的苯环、酚羟基和甲氧基赋予其天然的抗菌活性，可减轻病原菌对农作物的危害，有利于农作物的生长发育。

本章总结了近年木质素基农药缓控释制剂（lignin-based controlled release formulation，LCRF）在精准递送系统取得的研究进展，介绍了典型的 LCRF 系统，分析了影响不同 LCRF 中活性成分的释放因素，重点强调了环境智能响应型的 LCRF，包括对现有制剂的概述以及对其潜在应用场景和发展战略的探讨，揭示了木质素作为智能材料在农业中应用的潜力。最后，较为深入地分析了 LCRF 发展中存在的机遇和挑战。

5.1.1 木质素基农药缓控释体系

农药的缓慢/控制释放是一个与农药瞬时/无规则释放相对的概念，农药缓控释系统可以在较长的时间内逐渐、持续及可控地释放农药活性物质，确保对有害生物的长期控制。农药缓控释技术能在靶标位点周围保持较低农药浓度，可减少农药施用过程中衍生的环境问题，这项技术通过将农药活性成分混入专门的基质载体中实现。自 20 世纪末以来，人们一直在尝试利用木质素作为农药缓控释制剂的初始基质。木质素的来源、结构、分子量和浓度都会影响活性物质的释放速率。处于不同聚集状态的木质素大分子可形成各种 LCRF 体系（图 5-1），典型的 LCRF 体系如下图所示：

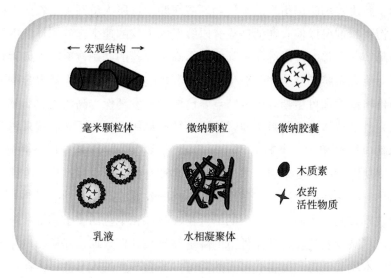

图 5-1 不同类型的木质素基缓控释制剂体系

5.1.2 木质素基毫米颗粒体

木质素基毫米颗粒体是最早用于农药缓释的体系，其属于均一混溶型缓释农药制剂。该体系制备方法相对简单，即将农药和木质素直接混合，然后在熔融状态下加热一段时间，随后冷却；冷却后混合物形成玻璃状基质，农药通过扩散作用从基质中释放出来。在制备毫米颗粒体时，需要考虑农药和木质素的溶解度参数，只有当农药的溶解度参数与木质素的溶解度参数相近时，才能实现良好的相容性[7]。该体系的尺寸大小通常在毫米范围内，是影响释放速率的主要因素。随着平均粒径的增大，活性物质从基质中心向外扩散的距离也会变长，从而导致释放速度减慢。研究人员在颗粒大小和 t_{50}（50%的农药活性成分释放所需的时间）之间建立了回归方程，这表明活性成分从颗粒中的释放速率可以通过调节颗粒大小来调整[8]。然而，由于只有部分农药与木质素具有较好的兼容性，而且在加热和熔融过程中可能会造成农药的损失，因此木质素基毫米颗粒体的推广应用受到很大限制。

5.1.2.1 木质素基微纳颗粒

微米或纳米颗粒是目前研究最为广泛的木质素基农药缓控释体系。木质素基微米或纳米颗粒通常具有可调节的尺寸和形状，农药活性物质可被捕获、封装或黏附在这些颗粒的表面。另外，结构特殊（如多孔、中空）的木质素基微纳颗粒也有报道。木质素基微纳颗粒的制备方法包括反溶剂法、界面交联、超声波作用、酸沉淀和聚合等方法，其中以反溶剂法最为常用，溶剂的选择可以作为调整颗粒大小的一种手段。在相同的溶剂中，木质素浓度的增加会导致颗粒直径的减小，但这种减小并不影响体系的包封率和载药量[9]。与毫米颗粒体类似，微纳颗粒中农药活性物质的释放速率主要由其粒径决定，粒径越小释放越快[10]。减小颗粒尺寸有助于提高制剂的施用效果，如在叶面上更好的铺展性能和对靶标生物更好的渗透性能，但过小的粒径可能会改变农药在环境中的富集和降解[11]。因此，有必要将木质素基微纳颗粒的粒径控制在一定范围内，从而在把控风险的同时保持小粒径的优点。

5.1.2.2　木质素基微纳胶囊

微胶囊或纳米胶囊是指具有核壳结构的囊状容器，能够封装固态、液态甚至气态农药活性成分。胶囊能有效控制活性成分的释放行为，保护它们免于降解，同时能将农药和非靶标生物隔离起来。在 LCRF 中，木质素通常充当微纳胶囊的外壳。与颗粒体系通过调整颗粒尺寸来调节释放速率不同，该体系通过调整胶囊外壳的厚度来调节释放速率。增加外壳厚度（或增加层数）会减缓释放速率，不过，较厚的外壳通常会导致体系的载药量和包封率轻微下降。值得注意的是，与木质素基微纳颗粒相比，微纳胶囊中农药活性成分的释放通常表现出"滞后效应"，即药物通常需要花更多时间才能从胶囊中释放出来，这是农药与外壳材料之间的物理隔阂所致[12]。

5.1.2.3　木质素基乳液

乳液是指由油相、水相和表面活性剂以不同比例混合而成的混合物，经常用于敏感化学品的包封和控制释放。由于木质素分子具有两亲性，对其稍加改性后即可部分或全部替代表面活性剂。因此，与颗粒和胶囊体系相比，使用木质素基乳液体系可降低成本，并减少因大量使用表面活性剂而产生的潜在环境问题。当乳液中所有的表面活性剂都被木质素固体颗粒替代时，形成的这种特殊的乳液被称为木质素基 Pickering 乳液[13]。乳液体系中农药活性成分的释放与乳液的稳定性密切相关，而其稳定性可由木质素颗粒的含量和两亲性进行调节。若油水界面上的木质素含量较低，将无法形成稳定的乳液，而含量过高则会导致颗粒聚集，并影响其乳化性能。另外，木质素颗粒的亲水性或亲油性过高均不能很好地稳定在油水界面上，需要进行改性以获得合适的两亲性[14]。一般来说，乳液稳定性越高，农药活性成分的释放速度越慢。

5.1.2.4 木质素基水相凝聚体

水相凝聚体（coacervate）是一种浓缩的富含聚合物的液相体系，起源于胶体系统自发形成的状态。其作为一种非常特殊的分子有序组合体，具有致密的蜂窝状网络结构，可为亲水性和疏水性物质提供极高的包封率。在当前的LCRF 体系中，水相凝聚体是唯一一种可以在没有有机溶剂的情况下形成的载药体系，因此具有很高的环境友好性。另外，凝聚体的蜂窝状网络结构可以与超疏水叶片的微/纳米结构相互纠缠，因此，当凝聚体液滴高速喷洒到叶片表面时，能表现出优异的润湿、铺展和防溅射性能[15]。木质素基水相凝聚体的开发仍处于起步阶段，但在各种应用中蕴藏着巨大的潜力。

综上，现阶段研究的 LCRF 体系主要包括木质素基毫米颗粒体、木质素基微纳颗粒、木质素基微纳胶囊、木质素基乳液和木质素基水相凝聚体。值得注意的是，并不存在最适合制备 LCRF 的唯一或通用的木质素类型，应根据最终产品的预期特性进行选择。例如，木质素磺酸钠具有良好的水溶性和聚阴离子特性，通常被用作农药分散剂；碱木质素在酸性条件下溶解度低，可通过酸沉淀法制备木质素纳米颗粒。同时，农药的缓释时间并不是越长越好，这应根据具体的农业应用场景进行选择，以防丧失最佳的防治效果。

5.1.3 木质素农药缓释体系的智能应用

由于农业生产田间环境和病虫草害的复杂性，农药缓释剂中活性物质的释放很容易受到外部因素的影响，削弱了原始缓释剂的功效。人们越来越希望农药能有的放矢，即农药能特异性地在病害发生时间到达病害部位，达到智能响应环境变化的效果。根据响应信号的释放来源差异，可大致将响应因素划分为生物源响应（如 pH 响应、酶响应、氧化还原响应）和环境源响应（如温度响应、光响应、CO_2 响应）。开发这两类智能响应制剂的策略应该有所侧重。生物源响应的 LCRF 要关注制剂有效渗透进入害虫或植物体内的能力，因为只有进入体内后，活性物质才在能被在生物体内的响应信号触发释放。已经有研究证明，纳米农药载体（如木质素基纳米颗粒）由于尺寸小，能够有效穿透植物组织，从而增加农药的吸收程度并促进预期效果[16]。环境源响应的 LCRF 要关注响应材料的灵敏性。由于生态系统极强的反馈调节能力，由农业病害引起的环境变化往往是比较微小的，落地应用时，响应材料应具有足够的灵敏性去响应这些微小的变化。

开发环境响应型的载药体系需要选择具有环境响应性能的材料为基础，这些材料可以在特定的环境条件下发生物理结构或化学性质的变化，从而实现农药的控制释放。如常见的温度敏感聚合物有聚 N - 异丙基丙烯酰胺（PNIPAAm），pH 敏感聚合物有聚丙烯酸（PAA）、光敏感聚合物有聚多巴胺（PDA）等。尽管被很多人忽视，木质素实际上也是一种智能材料。本节内容将结合农业生产中的环境变化，从木质素的性质出发，阐述智能响应型 LCRF 的释放诱因和机制。

5.1.3.1 pH 响应

害虫、病原菌群落和植物自身的 pH 特性成为触发农药智能释放的因素。不同种类的昆虫因取食的食物不同，其消化道在长期进化下呈现出特定的pH：大部分鳞翅目和鞘翅目昆虫的中肠为碱性环境；双翅目果蝇的肠腔 pH 为碱性，而中肠的中央胃区域呈现较低的 pH[17]。不同植物组织的酸碱度也不同：植物的大部分组织呈弱酸性，而韧皮部呈弱碱性[18]。很多植物对韧皮部病原菌较为敏感，典型的是由亚洲韧皮杆菌引起的柑橘黄龙病。除了生物体的正常生理特性外，外界胁迫与作物的相互作用也会产生特定的 pH。当一些病原菌感染寄主时，它们会分泌柠檬酸和葡萄糖酸等酸性化学物质，从而使寄主酸化[19]。作物在应对生物或非生物胁迫时，也会释放酸性根系分泌物，这与植物防御机制的启动有关[20]。pH 是最具代表性、应用最广泛的响应因素，利用好这些特殊的 pH 性质有助于开发时空对靶的 pH 响应型农药缓释剂。

碱木质素在不同 pH 条件下溶解度不同，这是木质素能作为 pH 响应型智能材料的重要原因。在碱性水溶液中，碱木质素的酚羟基和羧基等酸性基团去质子化而带上负电荷，带电基团间的静电排斥作用使木质素大分子网络被拉伸，在溶液中以溶解状态出现（图 5 - 2a）。现阶段研究的 pH 响应型 LCRF 主要为碱响应型释放。Wu 等通过反相悬浮共聚法制备了具有吸附和控释双功能的多孔木质素微球，负载了 2,4 - 滴（一种植物生长调节剂）的木质素微球在 pH＝11 下出现爆发式释放，4h 内释放率高达 81.95％，而在 pH＝2 下仅为 25.78％，中性条件下几乎不释放[21]。Yu 等通过木质素磺酸钠和壳聚糖逐层组装构建的载药微胶囊也具有显著的碱响应释放行为，碱性条件下两种基质材料间较弱的相互作用也是该微胶囊在碱下突释的原因（图 5 - 2b）[22]。碱响应型的 LCRF 可以用于防控部分肠道为碱性的鳞翅目、鞘翅目昆虫和部分植物韧皮部病害。

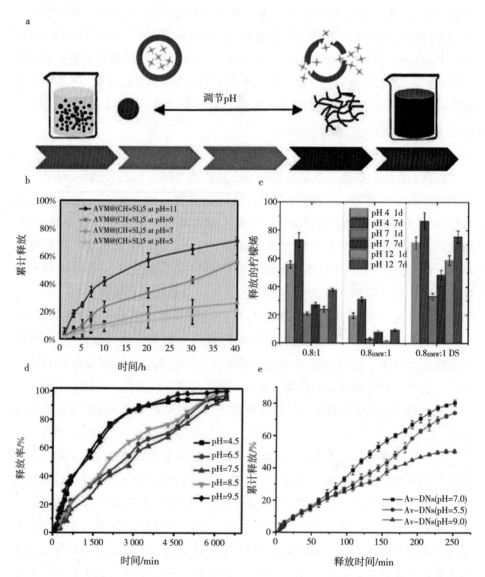

a. 木质素溶解度介导的 LCRFs 碱响应机制[14]；b. LCRF 碱响应释放[22]；c. LCRF 酸响应释放[23]；d. LCRF 酸/碱响应释放[24]；e. LCRF 中性响应释放[25]。

图 5-2　pH 响应的木质素基农药缓控释制剂

　　特定情况下，LCRF 也能在酸性条件下获得较快的释放率和较高的释放量，这主要是由于"阳离子-π"效应。木质素是一种芳香族聚合物，能在酸

性溶液中与大量 H^+（以及其他可能的阳离子）相互作用，该作用倾向于形成扩展构象，从而导致木质素载药体系的拆卸、农药释放（图 5 - 2c）[23]。使用木质素作为智能材料进行酸/碱响应释放（图 5 - 2d）和中性响应释放（图 5 - 2e）也有少量报道，但总体研究不多。另外，pH 还会影响缓释剂中各组分的分子间作用力，从而控制农药的释放。将 pH 敏感聚合物接枝到木质素上也是制备 pH 响应型 LCRF 的一种优良策略。

5.1.3.2　酶响应

在农业实际生产中来自酶响应的触发因素随处可得，且由于酶促反应具有高效性、特异性，利用酶来触发农用化学品的智能递送具有许多优势。无论是害虫、植物病原真菌或细菌，都能够产生各种各样的酶来从外界获取营养物质。植食性昆虫的消化系统含有丰富的消化酶，根据消化对象可分为淀粉酶、蛋白酶、脂肪酶和纤维素酶等。植物病原真菌和细菌在侵染寄主植物的过程中会分泌一系列细胞壁降解酶，如角质酶、果胶酶、纤维素酶、糖苷酶和木聚糖酶等，这有利于病原菌的侵入、定殖与扩展[26]。有研究报告称，在缓释剂中使用玉米蛋白或 α-环糊精作为基质，农药活性成分可被昆虫肠道中的蛋白酶或 α-淀粉酶触发释放。具有降解木质素功能的酶包括木质素过氧化物酶、锰过氧化物酶、多功能过氧化物酶、漆酶等，它们可以催化木质素一系列键的裂解，在木质素高效利用中发挥了重要作用[27]。其中，漆酶是一种存在于鳞翅目昆虫肠道中的消化酶，而且还大量存在于真菌的分泌物中[28]。利用木质素能被漆酶降解的特性开发了不少酶响应型木质素基农药缓释剂。

一般而言，酶响应载药系统的智能释放机理有两种：一是特定的酶能将前药转化为具有活性的原药，进而发挥药效；二是缓释基质能被特定酶降解，从而实现靶向施药。现有报道的酶响应型 LCRF 的释放机制多数为后者，即酶通过降解木质素本身或木质素的接枝物，破坏载药体系，从而使农药释放。触发释放的酶多数为漆酶。葡萄树干病 Esca 是一种极具传染性和破坏性的真菌病害，致病真菌能分泌漆酶等木质素降解酶。Wurm 课题组为治疗该病害开发了多种 LCRF，制剂里包封的杀菌剂仅在植物受感染时才会释放，而在贮藏过程和未被感染的情况下均未检测到农药的泄漏。这既提高了农药的利用率，又减少了对非靶标生物和环境的破坏（图 5 - 3a 和 5 - 3c）[29]。由于鳞翅目害虫（如稻纵卷叶螟、小菜蛾、斜纹夜蛾、棉铃虫等）的消化道中存在大量漆酶并

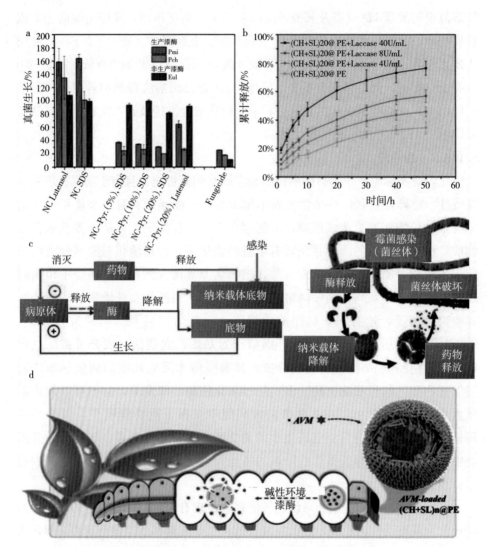

a. 酶响应 LCRF 被病原菌触发释放[29]；b. 酶响应 LCRF 被漆酶触发释放[30]；c. 病原菌触发释放 LCRF 机理图[29]；d. 害虫体内酶/pH 环境触发释放 LCRF 机理图[30]。

图 5 - 3　酶响应的木质素基农药缓控释制剂

且呈现碱性环境，研究人员经常把酶响应与 pH 响应结合起来开发双重响应的 LCRF，这对鳞翅目害虫具有更强的靶向杀伤力（图 5 - 3b 和图 5 - 3d）[30]。

　　除了降解木质素本身，还可以利用酶降解木质素的接枝物来制备酶响应型 LCRF。酶促反应的高效性使农药能够在必要时快速释放，最大程度缩短了智能缓释剂的响应时间。

5.1.3.3　温度响应

上述介绍的 pH 响应和酶响应均属于生物源响应，响应的触发源于作物、害虫、杂草和病原菌的自身特性以及它们之间的相互作用，信号较强。而环境温度是一种气候因子，一般短时间内不会发生骤变，但细微的变化就有可能对作物的生长发育造成影响。一方面，温度影响病虫害和杂草的危害严重程度。对草害而言，环境温度升高会使杂草萌发提前，并加剧杂草的危害程度，较大的温度波动会促进某些杂草的发芽[31]。对病害而言，每种"植物—病原菌"的相互作用都有一个最佳的温度范围，如 15℃ 是线虫感染马铃薯的最佳温度[32]，稻瘟病在 24~26℃ 及以下容易暴发等[33]。温度还可以通过影响媒介昆虫的行为来影响病害的发生。另一方面，病虫害和杂草的侵袭也会导致局部温度变化，如小麦条锈病，无论作物处于哪个生长阶段，平均冠层温度都会随着病情发展而上升[34]。相较而言，由真菌或病毒等病原微生物侵染作物引起的叶面温度变化较显著，研究员们也基于这种变化开发了遥感技术以无损监测植物病害。

将木质素设计为温敏材料时，两个温度值得重点关注：玻璃态转化温度和临界溶解温度。木质素本身具有很高的玻璃态转化温度，范围在 90~145℃ 不等，具体的数值取决于木质素的来源和分离过程[35]。通过调整玻璃态转化温度可以将木质素设计为智能应用的形状记忆材料。临界溶解温度一般可分为最高临界溶解温度（UCST）和最低临界溶解温度（LCST）。受限于相对较高的玻璃态转化温度，研究人员倾向于利用木质素的临界溶解温度来开发智能释放的 LCRF。目前，大多数温敏聚合物属于 LCST 型，基于木质素的 LCST 型智能材料主要是通过接枝经典的温敏聚合物来制备的。Lin 等发现了木质素在乙醇/水混合物中的 UCST 行为，并将其应用于农药的控释（图5-4a 和图5-4b）。他们认为木质素的 UCST 行为是木质素的氢键和疏水力共同作用的结果：高温打破了木质素分子间的氢键，同时也降低了乙醇/水混合溶剂的极性。因此，溶剂对木质素的疏水作用力强于木质素之间的疏水作用，木质素溶剂化。换句话说，当以乙醇/水作为溶剂时，木质素在加热过程中会慢慢溶解，从两相变成单相，出现 UCST 行为[36]。需要注意的是，木质素的 UCST 行为与溶剂有关，其在纯水中不会表现出 UCST 行为。另外，Shen 等利用木质素的光热转换效应也制备出具有温度响应性能的农药缓释剂，实验表明该制剂在 32℃ 下具有比在 12℃ 下更好的害虫防治效果（图5-4c）[37]。

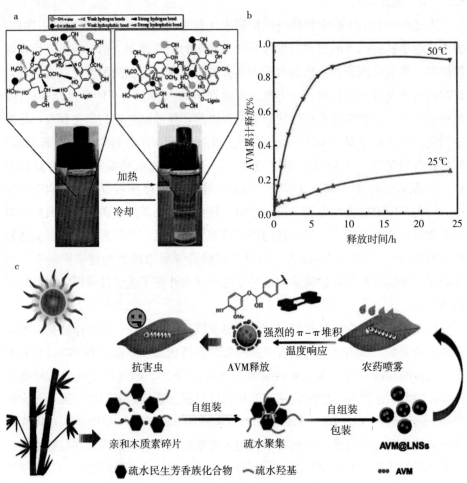

a. 木质素在乙醇/水中的 UCST 行为[36]；b. 木质素 UCST 行为介导的 LCRF 温度响应释放[36]；c. 木质素光热转换效应介导的 LCRF 温度响应释放[37]。

图 5-4　温度响应的木质素基农药缓控释制剂

5.1.3.4　其他响应：潜能与思路

近年来，光响应触发的农药智能释放屡有报道，应用场景较广。一方面，光合作用是高等绿色植物独特而重要的生理生化过程，利用太阳光控释光合作用抑制型除草剂，可大大提高农药的利用率。另一方面，害虫灯光诱捕技术是物理防治的主要手段之一。将光响应型农药递送系统与光诱捕装置相结合，能将害虫集中诱集后一同杀灭。光响应型农药缓释剂在配备了灯光装置的温室中也有很大应用前景。有一些关于木质素与光敏基团偶联的报道，其中有研究揭示了木质素制备光响应材料的潜力[38]，但其在药物递送方面的应用较少。木质素的分子结构包含大量芳环和共轭官能团，使其分子间存在强共轭和 π—π 相互作用，赋予了木质素一系列独特的光学性质，包括聚集诱导发光、紫外吸收和可持续的光热转换等[39]。其中，利用光热转换效应可以将光响应型制剂进一步转换为温度响应型制剂，已有研究报道了这一成果[37]。木质素潜在的优异光学性能使光响应型 LCRF 焕发出勃勃生机。

农业生产中存在许多氧化还原响应的触发因素。对作物而言，大多数生物和非生物胁迫会促使细胞氧化还原稳态发生变化，活性氧（ROS）的生成和积累增加。相对应地，病虫害和病菌也进化出各种机制来逃避植物的防御系统。其中，一些昆虫通过分泌抗氧化剂（如谷胱甘肽）来维持中肠的还原状态。谷胱甘肽会在许多植物—病原体的相互作用中积累，来减少 ROS 对细胞的损害作用[40]。在药物递送系统中运用氧化还原响应触发释放活性物质已不陌生，往载体中引入二硫键即可实现这类响应。环境中的谷胱甘肽可以作为"剪刀"打开农药载体上二硫键形成的智能"开关"，活性物质得以释放。有报道将二硫键掺入用聚醚胺改性后的木质素中用作黏合剂[41]，而具有二硫键的木质素载药系统缺乏报道。得益于木质素酚基的自由基清除能力，木质素自身具有抗氧化性。木质素发生氧化反应时部分共价键会裂解、分子量降低，实际上酶促降解木质素的机理也是木质素的氧化降解[27]。利用木质素在氧化条件下分解的特性来响应作物在胁迫条件下产生的 ROS，或许是一个开发氧化还原响应型木质素基农药缓释体系的新思路。

目前对气体响应的研究集中在 CO_2 上，CO_2 触发剂因廉价丰富、对生物及环境友好且易于去除的特点而备受关注。CO_2 也是影响农业生产的关键因子。储粮过程中，CO_2 水平升高表明粮食内部存在霉菌腐败或害虫活动[42]，若杀菌剂、杀虫剂能响应环境中的 CO_2 浓度，将能有效保障储粮安全。另外，CO_2 是作物光合作用的重要原料，CO_2 施肥能够提高作物生物量，但施肥效果会受到氮、磷等养分的限制[43]。因此，开发 CO_2 响应的氮肥/磷肥能实现肥料的协同增效，提高 CO_2 施肥效率。CO_2 的转换性是由 CO_2 官能团（如叔胺、脒、胍、咪唑或羧酸）引起的[44]，木质素利于接枝这些基团而获得响应。有研究报道了具有气体响应性能的木质素基材料：DEAEMA 接枝的木质素纳米颗粒可以通过 CO_2 鼓泡轻松分散在水中，也可以通过 N_2 鼓泡快速沉淀出来。用该颗粒制备的木质素基 Pickering 乳液可以通过鼓入不同气体来切换乳化和破乳状态，这在药物递送方面具有巨大应用潜力[45]。另外，CO_2 溶于水会生成碳酸，因此由 CO_2 引发的气体响应可以进一步转化为 pH 响应。

5.1.4 展望

为了更好地发挥木质素基农药缓释体系的优良特性、更好地为农业实际生产服务，农药加工剂型的选择至关重要。近几年报道了多种功能新颖的 LCRF，包括种衣剂、树干注射剂、液体地膜、控释-吸附双功能剂、超铺展剂等，拓宽了木质素基农药载药体系的使用场景。农药剂型正朝着功能化、省力化以及农药高效利用的方向发展。

近几年，植保无人机施药逐步推广应用，硬件设备和软件系统迅速发展，但与之相配套的飞防用药严重不足。与常规地面喷雾施药相比，植保无人机施药具有容量低、浓度高、喷雾细、作业高度高、喷施距离远等特点，施药更容易产生蒸发、光解、飞溅等现象，使得无人机施药效果不佳、药害事故屡见不鲜。木质素基农药缓释体系能减少传统农药喷洒过程中的脱靶损失，其作为植保无人机配套药剂潜力无限。已有不少文献能支持这一结论：部分 LCRF 药液黏度较高，从而加强了药剂在叶面上的黏附能力[14]。部分制剂能与叶面的蜡质形成拓扑结构从而具有更好的耐雨水冲刷能力[46]。值得注意的是，木质素基水相凝聚体作为一种新兴的农药载体，其自身就有超强的润湿和铺展性能。正如前文提到的，凝聚体的这种特性主要源自其内部无序的网络结构和叶面微纳结构的纠缠。总之，使用 LCRF 可以增强智能响应系统的精准施药特性，最终提高向目标区域施用农药的效率。除了飞防制剂，展望未来，药肥（药物和肥料结合的农药制剂）也是一种有前景的省力剂。研究人员应基于农业实际生产需求来推动农药制剂创新，促进农业领域的可持续发展和环境友好型实践。

在确定 LCRF 可以大规模商业化应用之前，有必要对其进行严格的毒性评估。新产品的毒性往往是公众最关注的议题。作为一种天然物质，木质素的基本生态毒性不是问题，问题更可能是由生产过程中必要的木质素改性和添加的其他表面活性剂等物质引起。实际上，有不少研究在实验室条件下评估了 LCRF 对种子活力和植物生长的影响，以及其对天敌昆虫和水生生物的急性毒性，这些研究都认为基于木质素的农业化学品封装系统不会对生态环境带来负面影响，部分甚至表现出增强的安全系数。尽管如此，LCRF 对生态系统的长期影响、更大规模的大田实地研究应该是必要的。同时，其对农业工作者的职业慢性毒性及其通过食物链富集到人体细胞的影响也值得注意。

　　另一个问题涉及 LCRF 的商业成本。鉴于农业作为第一产业的特殊性，一个负责任的企业应该以农民能接受的价格为他们提供产品，确保农民的生计。同时，企业也应肩负起农药的负外部性成本（包括饮用水污染、生物多样性丧失、对人类健康的影响等）。可喜的是，人们逐渐意识到木质素的商业潜力，正如上一章所述，木质素能转化为众多高价值的化学品。可观的经济回报不仅能促进产品完成从实验室到工厂的转型，也能促进工厂产品的不断更新迭代。企业、研究机构及所有潜在利益相关者应该联合起来，采取行动、解决问题，使 LCRF 更好地为人类创造福祉。

　　木质素具有经济性、绿色碳足迹、易于接枝改性和抗紫外辐射等优点，被认为是构筑农药缓释制剂的理想基质材料。许多创新的木质素基缓释体系已经得到开发和改进，同时，能精准控制农药定时定点释放的智能响应系统也取得了突破性的进展。本章讨论的许多示例表明，木质素对各种环境刺激的敏感性使其成为构建环境响应型 LCRF 的智能材料。总之，LCRF 是一种蓬勃发展的新型农药制剂，正经历从持续释放到智能响应的飞跃，并将在可预见的未来发挥更大的作用。

5.2　秸秆三组分衍生地膜

　　地膜通常被用作农作物保护屏障，防止气候变化，减缓水分蒸发，提高土壤肥力，减少杂草生长和土壤侵蚀。低密度聚乙烯（PE）因价格低廉、易于加工、耐用度高，而被广泛使用[47]。然而，PE 地膜不仅源于不可再生的石油资源，而且不易降解、难以回收，大部分被填埋或焚烧处理，其大量使用造成了严重的环境污染。有研究表明，长期使用这些膜会破坏土壤结构，阻碍作物生长发育，并污染生态环境[48,49]。据估计，PE 大约需要 100 年才能完全分解[50]。为此，生产可生物降解的地膜以替代 PE 地膜受到重视。

　　近年来，可降解和可再生的秸秆综纤维素地膜作为一种石油基聚合物的替代品，已逐渐引起人们的关注。以秸秆中获得的生物聚合物（包括纤维素、半纤维素和木质素）为原料制成的地膜，可直接掺入土壤或作为堆肥，通过微生物将其分解，最终降解为水和二氧化碳[51]。秸秆综纤维素地膜不仅低成本、无毒性、可生物降解，而且其使用可以显著减少对化石燃料的依赖和温室气体的排放。

纤维素是秸秆中的主要成分之一，其通过强氢键结合在一起，这使纤维素具有高结晶度而不溶于大多数常见的溶剂。它虽具有刚性，但缺乏塑性，因而其难以加工和形成薄膜。因此，纤维素常需要通过改性或处理以提高其加工性和成膜能力。Sun 等[52]通过将戊二醛交联的壳聚糖和腐殖酸/尿素复合物（GCS）涂覆到纤维素/腐殖酸（HA/CE）膜上，开发了一种具有替代塑料地膜潜力的多糖基地膜。所得薄膜表现出良好的疏水性、水稳定性、热稳定性、抗紫外线、耐老化性和生物降解性，解决了传统 PE 地膜的局限性。Zhang 等[53]从玉米秸秆中提取了纤维素，采用酒石酸（TA）酯化法和聚乙烯醇（PVA）/阳离子淀粉（CSt）涂层法对冷冻凝胶吸收剂和地膜进行改性，使地膜具有优异的保水性能。此外，高温酶解技术被证实能引起秸秆纤维特性的变化，导致纤维间键断裂和化学成分降解[54]。对比传统发酵，经生物发酵预处理后的地膜的拉伸强度提高了 4.42N·m/g。

半纤维素占秸秆质量的 20%～40%，具有生物相容性、生物降解性、成膜潜力和无毒性等特点，有望弥补塑料地膜的缺点[55]。通过化学改性可以使半纤维素基地膜的性能增强，以扩大其应用范围。酯化是通过改变多糖的化学结构来解决多糖溶解性差的一种方法[56]。将半纤维素与乙酸乙烯酯（VA）进行酯交换反应，可以提高半纤维素的溶解度和成膜能力[57]。将反应后的材料与藻酸钠和明胶混合，制成高性能的半纤维素基可喷雾地膜。结果表明，所获得的地膜具有良好的抗拉强度和透水性。接枝聚合是提高半纤维素溶解度的另一种方法[58]。通过 ε-己内酯（CL）的开环接枝聚合对半纤维素进行化学改性，可提高其力学性能和热塑性。

木质素是一种天然芳香族聚合物，含有多个官能团（如酮、酚和发色团），这使其具有优异的疏水性、抗氧化性、热稳定性和紫外线屏蔽性能[59]。但由于其复杂的网状和支链结构，链单元之间有各种交联，使木质素具有高度的不均匀性，因此其实际应用受到限制[60]。Gebreyohannes 等[61]提出了一种绿色工艺制备纯木质素基膜，即将聚合物溶解在由丙酸和尿素混合的低共熔溶剂（DES）中，为了提高木质素膜的溶剂稳定性和热稳定性，采用绿色交联策略。该方法使用生物衍生聚合物源、环保的溶剂和无毒的交联剂，实现了绿色环保的膜制造工艺路线。Dudeja 等[62]以水稻秸秆中的木质素为原料，采用聚乙烯醇、柠檬酸和甘油交联，通过溶液浇铸法可以制备生物聚合物膜。他们发现含有更高浓度木质素（0.3%）的薄膜显示出更好的抗氧化和抗菌潜力。

此外，直接以秸秆为原料生产可降解的生物地膜，不仅免去了复杂的提取过程，而且真正实现"变废为宝"。Xu 等[63]报道了一种提升现有聚己二酸/对苯二甲酸丁二醇酯（PBAT）基生物降解地膜性能的方法。该方法以小麦秸秆为原料，通过碳酸钙粉与小麦秸秆共研磨以提高研磨效率。随着这种超细填料的引入，薄膜的防紫外线、抗老化和阻隔水蒸气性能都得到了增强。Wang 等[64]通过简单的薄膜涂层方法制备了一种新型环保型聚乙烯醇-秸秆地膜。将水热活化的小麦秸秆加入聚乙烯醇（PVA）溶液中作为增强材料。结果显示，该膜具有优异的热稳定性、耐水性和透光性。

秸秆基材料和添加剂的选择对于确保可生物降解地膜满足要求至关重要，每种材料和制备方法都旨在生产具有良好机械和物理性能、低成本、适当生物降解周期的薄膜。综上，利用可再生秸秆及其衍生物为原料，制备可生物降解地膜是替代 PE 塑料膜的一种很有前途的方法。

5.3 秸秆木质素胶黏剂

化石基胶黏剂虽然具有良好的性能，但原油的枯竭可能最终影响合成黏合剂所需的化石基化学品的稳定供应。化石基黏合剂在自然界中难以降解，不仅会造成环境问题，还会严重影响其他可回收材料的回收利用[65]，例如胶合板中的木材和纸板中的纤维素纤维等。特别是含甲醛的胶黏剂，甲醛已被明确列入致癌物清单。因此，世界各国政府逐渐制定了限制性法规来限制化石基胶黏剂的生产和使用[66]，同时鼓励可再生和环境友好型胶黏剂的发展[67-69]。木质素以低廉的成本、酚醛特性和广泛获得性，成为木材胶黏剂的理想替代原料。

5.3.1 木质素自身的胶合作用

木质素本身具有黏接性，可直接用作胶黏剂。天然植物能够高昂挺立不倒，就是因为木质素的黏合力。其含有的苯丙烷结构与苯酚相似，是苯酚的合适替代品[70]。但芳香环结构的位阻高、结构复杂、活性基团少、阻力大等缺点限制了其在黏合剂生产中的广泛应用[71]。为了提高木质素的反应性，通常采用活化改性的方法（酚化、去甲基化、羟甲基化等）来增加现有活性基团的含量或引入新的活性基团，改性后的木质素可用于制造不同类型的高性能胶黏剂[72]。

5.3.2 木质素在酚醛树脂胶黏剂中的应用

酚醛树脂是由甲醛与苯酚反应合成的，而改性活化后木质素在碱性或酸性条件下能取代苯酚，更快与甲醛反应。酚化是木质素最常用的化学改性方法之一，通过木质素与苯酚或其他衍生物发生化学反应，引入酚基团来增加木质素的反应性和反应位点的数量。有研究从玉米秸秆残渣中提取酶解木质素取代部分苯酚，采用一步法合成酶解木质素改性酚醛胶黏剂。其中酶解木质素取代苯酚含量为20％时，改性胶黏剂和胶合板的性能基本达到国家一级胶合板标准（GB/T 9846—2015）[73]。此外，Zhan 等[74]实现了木质素、糠醛100％代替苯酚和甲醛，在深共晶溶剂（DES）中采用一锅法成功制备木质素基复合黏合剂。保证木材黏接强度在低温下的优异性，同时体系更加环保。

在生物合成过程中，木质素 H、S 或 G 单元的酚羟基以及单元（S 或 G）邻位分别被醚化和甲氧基取代（图 5-5），造成游离酚羟基减少，极大抑制木质素的反应性。因此，需要去除木质素中的甲基，释放游离酚羟基。在碱性条件下，熔融硫介导的木质素去甲基化已由 Gaylord Chemical Company（US）实现工业化[75]。在此过程中，该方法可用于去除 Kraft 和 Soda 木质素中的甲基[76]，导致酚羟基增加一倍或更多。用去甲基木质素代替60％的苯酚，合成的木质素-酚醛胶黏剂的胶合板性能达到国家一级胶合板标准。

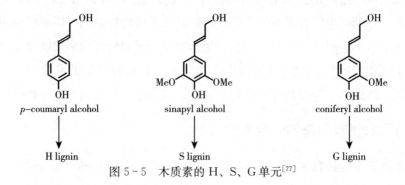

图 5-5　木质素的 H、S、G 单元[77]

5.3.3 木质素在聚氨酯胶黏剂中的应用

聚氨酯是由二异氰酸酯（或多异氰酸酯）和多元醇通过羟基聚加成反应合成的，在聚合物主链中形成聚氨酯基团[78]。相较于常规的酚醛树脂，聚氨酯胶黏剂具有强度高、固化过程温度低且无甲醛释放等优点，可以应用于木材、金属、玻璃、塑料纺织纤维等黏接。因木质素的芳香环和刚性结构在高温条件下能够保持良好的稳定性，合成的胶黏剂表现出交联密度大、紫外稳定性好、抗氧化性强和热稳定性的优势[79]。Vieira 等[80]成功利用从工业蒸煮液中分离的桉木硫酸盐木质素与碳酸丙烯酯进行氧烷基化反应，得到木质素基多元醇，并采用该木质素基多元醇制备聚合物 4，40-亚甲基二苯二异氰酸酯复合聚氨酯胶黏剂。通过改变聚氨酯对应物（聚合物 4，40-亚甲基二苯二异氰酸酯和木质素基多元醇）的异氰酸酯（—NCO）基团和单体羟基（—OH）比例，获得了一系列胶黏剂，并在预定条件下通过胶合木片来评估其性能。对比新型聚氨酯胶黏剂与市售聚氨酯胶黏剂的黏接性能，结果表明，NCO/OH 为 1.3 的木质素基复合聚氨酯胶黏剂的耐化学性和黏接效率优于市售聚氨酯胶黏剂，且木质素基复合聚氨酯在减少石油衍生多元醇和异氰酸酯的使用方面显示出巨大的潜力，作为家具行业木材黏合剂具有潜在的应用前景。

5.3.4　木质素在环氧树脂胶黏剂中的应用

环氧树脂胶黏剂作为应用最为广泛的一类结构胶，可以用于黏接各类材料诸如金属、塑料、陶瓷和木材等，其高度交联的环氧网络结构具有绝佳的机械和热学性能[81]。传统的环氧配方主要来源于不可再生的石油工业产物双酚 A 环氧化合物结构，目前其消费增长带来的环境污染问题难以满足绿色和可持续发展的需要[82,83]。考虑到木质素化学结构中的芳香结构和大量酚羟基与双酚 A 具有结构相似性，将其作为双酚 A 的绿色替代物不仅可以提高废弃木质素的经济效益，还有助于提升环氧树脂工业的可持续发展性[84]。Wang 等[85]通过化学改性，成功地在木质素磺酸盐的化学结构中加入具有聚合活性的疏水性基团，有效地提高了木质素磺酸盐的相容性和疏水性。随着双互穿网络结构的形成，木质素基环氧树脂胶黏剂在极端环境下的应用性能得到了显著提高。此外，Kong 等[86]研究制备了一种玉米秸秆酶解木质素共混的环氧树脂胶黏剂，并分别对比了室温和高温下固化温度对环氧树脂胶黏剂黏接接头抗剪强度的影响。研究结果表明，木质素的添加促进了环氧树脂的固化，并与环氧树脂发生反应，提高固化反应的固化程度和固化胶黏剂的交联密度，使聚混环氧树脂胶黏剂表现出比未掺混环氧树脂胶黏剂更好的黏合性能。同时制备得到的聚混环氧树脂胶黏剂可用于黏接对高温剪切强度有要求的碳纤维/环氧树脂复合材料等高分子复合材料。

5.4　纤维素转化为高值化学品——山梨糖醇

　　纤维素组分是木质纤维素生物质中最丰富的部分，通常占据木质纤维素总生物量的 40%～50%。纤维素获取方式丰富多样，且大部分可以从非粮食作物中获取，可以有效避免与粮食生产过程相冲突。将纤维素作为原材料，进行高附加值转化得到糖醇引起许多研究者重点关注。纤维素是 β-D-吡喃葡萄糖单元组成的均质聚合物，由 β-糖苷键连接，可以分解为葡萄糖单体，多个线性纤维素分子通过分子间氢键和范德华键紧密结合形成高度结晶的微纤维结构[87]。

　　目前，将纤维素转化为高附加值化学品的报道有很多，本节聚焦于纤维素一锅法转化为山梨糖醇这一应用。山梨糖醇是一种重要的平台化合物，在制药、食品和化妆品工业中具有广泛的应用。它也是其他合成化学品的优良原料，如异山梨醇、甘油或其他二醇等[88]。纤维素直接转化为平台化学品，被认为是生物质资源利用最有发展的方向之一。然而，由于纤维素具有强大的抗降解结构，因此将纤维素直接转化为山梨糖醇等高附加值化学品的发展仍然是一个巨大的问题。由纤维素转化为山梨糖醇有两个反应步骤：①纤维素水解生成葡萄糖；②葡萄糖氢化得到山梨糖醇。其中，水解步骤是整个反应的限速步骤。一锅法反应中的多步反应可以从相对简单易得的原料出发，不经中间体的分离，直接获得结构复杂的产物，这样可以避免分离或者纯化步骤[89]。

　　纤维素水解为葡萄糖的过程，目前有酶解法和酸解法两种方式。其中酶解法是指利用纤维素酶对 β-1，4-糖苷键进行切割，生成葡萄糖。纤维素酶是一类酶的总称，主要包括外切葡聚糖酶（CBH，C_1）、内切葡聚糖酶（EG，C_x）和 β-葡萄糖苷酶（CB，纤维二糖酶）。研究表明，三种酶作用的机制如图 5-6 所示[90]：C_1 酶首先作用于结晶纤维素表面，纤维素的高度结晶的结构被断开，长链分子的末端呈现游离状态，C_x 酶进行水解转化得到纤维二糖，最后由 β-葡萄糖苷酶将纤维二糖水解为葡萄糖。

　　对纤维素进行酸水解，一般包括液体酸和固体酸两类。在催化剂体系中加入硫酸或盐酸等强酸对纤维素的水解活性较高，自 20 世纪 20 年代以来，浓酸和稀酸就一直被用于催化纤维素水解制备葡萄糖。但是，酸催化水解存在腐蚀设备、酸回收困难及产生废水等问题，不可避免地产生环境问题。因此，现阶

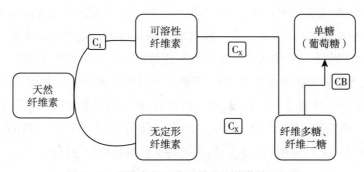

图 5-6　纤维素各组分及转化为葡萄糖的过程

段更多研究者将目光转移至固体酸的应用上。固体酸催化纤维素水解反应的机理[91]（图 5-7）：首先，在高温时，固体酸表面的 Lewis 酸性位和 Brønsted 酸性位的表面的水因质子化而形成 H^+，该 H^+ 对于纤维素水解生成纤维二糖起到了催化作用；其次，固体酸表面的酸性基团使纤维素中 β-1,4-糖苷键发生断裂，从而使其水解生成葡萄糖。将酸位点与金属氧化物催化剂结合，制备能够对纤维素进行水解和转化的双功能催化剂，受到越来越多研究者的关注。众多研究表明，双功能催化剂的酸性位、加氢活性位的数量及分布直接影响山梨糖醇的选择性。

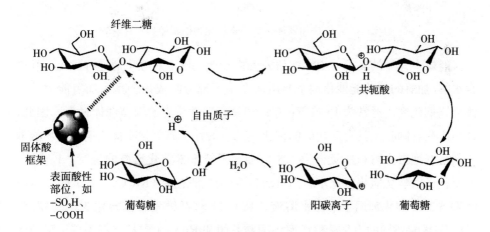

图 5-7　含 Brønsted 酸位点的固体酸催化纤维素水解的过程[92]

　　纤维素转化为山梨糖醇已被认为是生产高附加值化学品最有前途的生物质增值途径之一。本节将重点介绍酸性金属氧化物类催化剂在纤维素转化山梨糖醇中的应用与前景（图 5-8）。2006 年，Fukuoka 等[93]首次利用固体酸负载金属 Ru 或 Pt 为催化剂，在 190℃水相中实现了纤维素到多元醇的一步催化转化。Qiu 等[94]在 2022 年提出了一种新的策略，通过将电子从 Ru 部分转移到 P 上来适当调节 Ru 催化剂的氢化活性，这可以减少山梨糖醇在 180~200℃下的过度氢化，从而提高山梨糖醇的产率。使用纤维素作为原料时，2%（wt）的 Ru_2P/C-SO_3H 在 200℃下 2h 内可以获得 64%的山梨糖醇产率。表征结果和 DFT 计算表明，Ru_2P 中 Ru 原子的电子部分转移到 P 上，削弱了 H_2 和 H^+ 在 Ru 原子上的吸附和活化，从而提高了山梨糖醇的选择性。

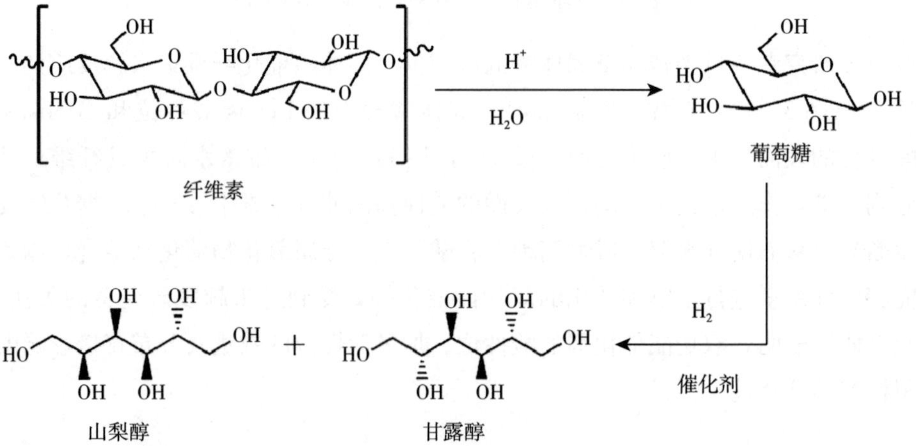

图 5-8　一锅法加氢催化纤维素转化为山梨糖醇和甘露醇

经过十几年的发展，更多的研究者们在此基础上对催化剂进行优化。纤维素水解/加氢的双功能催化剂主要由两个主要部分组成：①具有加氢能力的过渡金属催化剂，通常为 Pt 或 Ru 等；②具有酸性位点的固体载体材料。因此，许多研究者制备了具有双功能的催化剂——酸性金属氧化物催化剂。双功能催化剂将纤维素水解和加氢合为一步，加速了纤维素转化反应的进行。Li 等[95]人制备了磺酸功能化碳化木薯渣负载钌双功能催化剂（Ru/CCD-SO_3H）。Ru/CCD-SO_3H 催化剂用于中性水溶液、180℃下将纤维素直接转化为山梨糖醇，可以获得 63.8%的山梨糖醇产率。磺酸基团和 Ru 纳米颗粒之间表现出强烈的协同作用，这种协同效应有利于提高山梨糖醇的产率。双功能催化剂的使用避免了无机酸带来的环境污染、产品分离困难和腐蚀设备等问题，催化剂可以重复使用，有利于降低反应的成本。

对纤维素组分进行预处理能够有效破坏纤维素的晶体结构并提高水解过程

中纤维素的催化可及性[96]。Lazaridis 等[97]人研究了负载在微/中孔活性炭上的 Ru 和 Pt 催化剂在微晶和球磨纤维素的水解氢化中的性能。在温度为 180℃、H_2 压力为 2MPa 条件下反应 24h，含有磺酸基和铂纳米颗粒的微/介孔活性炭催化生成的六元醇总收率为 69.5%，而负载同一载体的 Ru 催化得到的六元醇产率只有 10.9%。在机械球磨的基础上，进一步添加离子液体也可以有效提高山梨糖醇选择性。球磨和离子液体溶解都可以有效地破坏纤维素内羟基之间形成的强大分子间和分子内氢键网络。此外，纤维素在离子液体中的溶解产生了水溶性离子纤维素，显著增加了纤维素与催化剂的接触。在最佳球磨时间 4h 的条件下，纤维素的结晶指数可从 79.9% 降至 3.2%[98]。

纤维素是自然界最丰富的可再生生物质资源，如何提高催化剂的催化活性、稳定性及可重复利用性是未来纤维素催化转化的重点研究方向。

5.5　秸秆纳米纤维素

纤维素是自然界中储量极为丰富的可再生资源，来源广泛、价格低廉、性能优异[99]，具有良好的生物降解性和生物相容性[100,101]。近年来，纳米纤维素作为纤维素的一种结晶形式，由于其独特的特性而受到广泛关注[102,103]，在食品、医药、造纸和复合材料等领域都具有良好的应用前景[104,105]。

中国在种植农作物方面具有悠久的历史。随着种植业迅猛发展，秸秆的燃烧产生大量 PM2.5，造成严重的环境污染[106]。但是由于秸秆中含有丰富的纤维素、半纤维素和木质素，其中粗纤维的含量更是高达 31%～41%[107,108]，因此可以利用秸秆这一性质将其制作成纳米纤维素，合理利用秸秆资源。

纳米纤维素是指纳米材料中的纤维素至少有一维是处于纳米尺度（1～1 000nm），并且将纳米材料分散在水中可以形成稳定悬浮液的纤维素晶体[109]。

作为一种新型的环境友好型生物材料，纳米纤维素具有高强度、高聚合度、高杨氏模量、高比表面积和高结晶度等特点，在食品、医药、造纸和复合材料等领域得到广泛的应用，同时受到国内外研究人员的重点关注[110]。Serpa 等[111]研究表明，纳米纤维素可作为天然乳化剂、稳定剂和功能性食品成分应用于食品，亦可作为强化剂应用于食品包装，强化食品包装材料的性能。陈珊珊[110]和 Sun Haitao[112]等将纳米纤维素应用于可食膜中，改善了复合可食膜的机械性能和阻隔性能。纳米纤维素晶体亦可作为膳食纤维和脂肪替代品等在食品中应用[113]。

通常，纳米纤维素包括三大类：纳米纤维素晶体（CNC）、纳米纤维素纤维（CNF）和纳米纤维素复合物[114,115]。目前制备 CNC 主要有化学法（酸水解法等）、物理法（球磨法等）、生物法（酶法等），以及两两结合的方法。物理法可对不同来源的纤维素通过机械作用解离纤维素，获得纳米尺度的纤维素，是最具潜力的可实现大量制备纳米纤维素的环保化途径。宋婷等以玉米秸秆为原料，采用弹射式蒸汽闪爆法制备得到了粒径小且水溶性好的纳米纤维素[116]。王艳玲等同样以玉米秸秆为原料，通过高压蒸煮法制备得到了粒径 200~300nm、结晶度约为 65.7% 的纳米纤维素[117]。祁明辉等以小麦秸秆为原料，使用硫酸水解辅助高压均质的方法制备得到了粒径 100~200nm、直径约为 15nm 的纳米纤维素[118]。黄丽婕等[119]通过高压均质的方法制备并表征了木薯渣 CNC，实现了木薯渣的高值化利用；罗苏芹等[120]通过硫酸法、过硫酸铵氧化法和酶解法制备并表征了菠萝皮渣 CNC；孙海涛等[121]制备了玉米秸秆 CNC。

一般来说，上述的解决方案都可以应用于 CNC 制备，但存在许多问题限制了这些技术的发展，例如机械过程的能源消耗大、化学过程的污染严重以及生物过程对植物原纤维的活性不足。因此，几种方法的结合是 CNC 制备的趋势，通常是机械过程和化学或生物学方法组合。通过化学预处理和机械方法相结合，Alemdar 和 Sain 得到了直径为 10~80nm、长度为几微米的 MFC[122]。同时，预氧化纸浆的 MFC 旋转平均直径为 5.51nm，超声平均直径为 4.7nm[123]。

然而，许多预处理可能会产生有毒和危险废物、不完全分离、降解和纤维素损失以及高昂的整体工艺费用，从而对工艺产生负面影响。由于这些原因，世界各地仍在进行一些研究，以充分了解预处理过程中可能发生的现象，提高过程效率和易用性，并降低其成本和环境影响。

CNC 由于具有众多的优点，已成功制备出纳米功能性材料，例如气凝胶、生物医药材料、食品包装材料、纳米复合材料、光电材料等，大大提高了生物质纤维素的附加值和利用效率。张静等[124]采用溶液浇注法制备了聚乳酸/CNC 纳米复合材料，显著提高了聚乳酸的拉伸强度；任素霞等[125]采用静电纺丝法制备了高过滤性 CNC/聚丙烯腈复合空气滤膜，CNC 的加入使得聚丙烯腈空气滤膜的疏水性能得到改善，且有效提高滤膜的强度。CNC 也可以应用到造纸中，在抄造纸张过程中向浆料添加 CNC 能够改善纸张结构，增加纸张强度、挺度、紧度，降低纤维孔隙率，影响光的散射等。

截至 2023 年，纳米纤维素市场估计价值 6.6 亿美元。纳米技术和材料科学的快速发展促进了纳米纤维素的研究，使它们成为理想的生物材料。纳米纤维素具有成为真正的绿色纳米材料的潜力，具有高比表面积、表面化学可定制性、更好的机械特性、各向异性形状等几个突出的特性，使其成为生物医学工程和材料科学领域广泛应用的优秀材料。它在行业的不断发展中表现出巨大的潜力。随着具有成本效益的纳米纤维素来源的出现，纳米纤维素仍然存在新的应用和现有应用的改进空间，这些应用可用于需要具有先进性能的材料的各个行业，因此其具有非常广阔的发展前景。

参 考 文 献

[1] Carvajal-Yepes M, Cardwell K, Nelson A, et al. A global surveillance system for crop diseases. Science, 2019, 364 (6447): 1237-1239.

[2] He S, Creasey Krainer K M. Pandemics of people and plants: Which is the greater threat to food security? Mol Plant, 2020, 13 (7): 933-934.

[3] Zhang Y, Liu B Y, Huang K X, et al. Eco-friendly castor oil-based delivery system with sustained pesticide release and enhanced retention. ACS Appl Mater Interfaces, 2020, 12 (33): 37607-37618.

[4] 李锁强. 中国农村统计年鉴. 北京: 中国统计出版社, 2020.

[5] 农业农村部新闻办. 我国三大粮食作物化肥农药利用率双双达 40% 以上 化肥农药零增长目标实现. 农产品市场周刊, 2021, 3: 34.

[6] Adler E. Lignin chemistry—past, present and future. Wood Science and Technology, 1977, 11 (3): 169-218.

[7] Cotterill J V, Wilkins R M, Da Silva F T. Controlled release of diuron from granules based on a lignin matrix system. J Control Release, 1996, 40 (1): 133-142.

[8] Garrido-Herrera F J, Daza-Fernández I, González-Pradas E, et al. Lignin-based formulations to prevent pesticides pollution. J Hazard Mater, 2009, 168 (1): 220-225.

[9] Yin J, Wang H, Yang Z, et al. Engineering lignin nanomicroparticles for the antiphotolysis and controlled release of the plant growth regulator abscisic acid. J Agric Food

Chem, 2020, 68 (28): 7360 - 7368.

[10] Luo J, Zhang D X, Jing T, et al. Pyraclostrobin loaded lignin-modified nanocapsules: delivery efficiency enhancement in soil improved control efficacy on tomato fusarium crown and root rot. Chem Eng J, 2020, 394: 124854.

[11] Zhang D, Wang R, Ren C, et al. One-step construct responsive lignin/polysaccharide/ Fe nano loading system driven by digestive enzymes of lepidopteran for precise delivery of pesticides. ACS Appl Mater Interfaces, 2022, 14 (36): 41337 - 41347.

[12] Mattos B D, Tardy B L, Magalhães W L E, et al. Controlled release for crop and wood protection: recent progress toward sustainable and safe nanostructured biocidal systems. J Control Release, 2017, 262: 139 - 150.

[13] Wu J, Ma G-H. Recent studies of pickering emulsions: particles make the difference. Small, 2016, 12 (34): 4633 - 4648.

[14] Yu X, Chen S, Wang W, et al. Empowering alkali lignin with high performance in pickering emulsion by selective phenolation for the protection and controlled-release of agrochemical. J Clean Prod, 2022, 339: 130769.

[15] Wang J, Fan Y, Wang H, et al. Promoting efficacy and environmental safety of photosensitive agrochemical stabilizer via lignin/surfactant coacervates. Chem Eng J, 2022, 430: 132920.

[16] Mendez O E, Astete C E, Cueto R, et al. Lignin nanoparticles as delivery systems to facilitate translocation of methoxyfenozide in soybean (*Glycine max*). J Agric Food Res, 2022, 7: 100259.

[17] Ferguson C T J, Al-Khalaf A A, Isaac R E, et al. pH-responsive polymer microcapsules for targeted delivery of biomaterials to the midgut of drosophila suzukii. PLoS One, 2018, 13 (8): e0201294.

[18] Mendoza Cozatl D, Butko E, Springer F, et al. Identification of high levels of phytochelatins, glutathione and cadmium in the phloem sap of Brassica napus. a role for thiolpeptides in the long-distance transport of cadmium and the effect of cadmium on iron translocation. Plant J, 2008, 54: 249 - 259.

[19] Ball L, Accotto G P, Bechtold U, et al. Evidence for a direct link between glutathione biosynthesis and stress defense gene expression in arabidopsis. Plant Cell, 2004, 16 (9): 2448 - 2462.

[20] Lager I, Andréasson O, Dunbar T L, et al. Changes in external pH rapidly alter plant gene expression and modulate auxin and elicitor responses. Plant Cell Environ, 2010, 33 (9): 1513 - 1528.

[21] Wu H, Gong L, Zhang X, et al. Bifunctional porous polyethyleneimine-grafted lignin microspheres for efficient adsorption of 2, 4-dichlorophenoxyacetic acid over a wide pH range and controlled release. Chem Eng J, 2021, 411: 128539.

[22] Yu X, Wang J, Li X, et al. Dual-responsive microcapsules with tailorable shells from oppositely charged biopolymers for pesticide precise release. Mater Adv, 2023, 4: 1089 - 1100.

[23] Sgarzi M, Gigli M, Giuriato C, et al. Simple strategies to modulate the pH-responsiveness of lignosulfonate-based delivery systems. Materials, 2022, 15 (5): 1857.

[24] Chen K, Yuan S, Wang D, et al. Basic amino acid-modified lignin-based biomass adjuvants: synthesis, emulsifying activity, ultraviolet protection, and controlled release of avermectin. Langmuir, 2021, 37 (41): 12179 - 12187.

[25] Mo D, Li X, Chen Y, et al. Fabrication and evaluation of slow-release lignin-based avermectin nano-delivery system with UV-shielding property. Sci Rep, 2021, 11 (1): 23248.

[26] Hématy K, Cherk C, Somerville S. Host-pathogen warfare at the plant cell wall. Curr Opin Plant Biol, 2009, 12 (4): 406 - 413.

[27] Janusz G, Pawlik A, widerska-Burek U, et al. Laccase properties, physiological functions, and evolution. Int J Mol Sci, 2020, 21 (3): 966.

[28] Lu Z, Deng J, Wang H, et al. Multifunctional role of a fungal pathogen-secreted laccase 2 in evasion of insect immune defense. environ Microbiol, 2021, 23 (2): 1256 - 1274.

[29] Fischer J, Beckers S J, Yiamsawas D, et al. Targeted drug delivery in plants: Enzyme-responsive lignin nanocarriers for the curative treatment of the worldwide grapevine trunk disease esca. Adv Sci, 2019, 6 (15): 1802315.

[30] Yu X, Li X, Ma S, et al. Biomass-based, interface tunable, and dual-responsive pickering emulsions for smart release of pesticides. Adv Funct Mater, 2023, 33 (27): 2214911.

[31] Nichols V, Verhulst N, Cox R, et al. Weed dynamics and conservation agriculture principles: a review. Field Crop Res, 2015, 183: 56 - 68.

[32] Jones L M, Koehler A K, Trnka M, et al. Climate change is predicted to alter the current pest status of globodera pallida and g. rostochiensis in the united kingdom. Glob Change Biol, 2017, 23 (11): 4497 - 4507.

[33] Qiu J, Xie J, Chen Y, et al. Warm temperature compromises JA-regulated basal resistance to enhance magnaporthe oryzae infection in rice. Mol Plant, 2022, 15 (4): 723 - 739.

[34] Singh R N, Krishnan P, Singh V K, et al. Application of thermal and visible imaging to estimate stripe rust disease severity in wheat using supervised image classification methods. Ecol Inform, 2022, 71: 101774.

[35] Moreno A, Sipponen M H. Lignin-based smart materials: a roadmap to processing and synthesis for current and future applications. Mater Horiz, 2020, 7 (9): 2237 - 2257.

[36] Lin Y A, Pang Y X, Li Z P, et al. Thermo-responsive behavior of enzymatic hydrolysis lignin in the ethanol/water mixed solvent and its application in the controlled release of pesticides. ACS Sustain Chem Eng, 2021, 9 (46): 15634 - 15640.

[37] Shen F, Wu S, Huang M, et al. Integration of lignin microcapsulated pesticide production into lignocellulose biorefineries through $FeCl_3$-mediated deep eutectic solvent pretreatment. Green Chem, 2022, 24 (13): 5242 - 5254.

[38] Deng Y, Liu Y, Qian Y, et al. Preparation of photoresponsive azo polymers based on lignin, a renewable biomass resource. ACS Sustain Chem Eng, 2015, 3 (6): 1111 - 1116.

[39] Li J, Liu W, Qiu X, et al. Lignin: a sustainable photothermal block for smart elastomers. Green Chem, 2022, 24 (2): 823 - 836.

[40] Noctor G, Mhamdi A, Chaouch S, et al. Glutathione in plants: an integrated overview. Plant Cell Environ, 2012, 35 (2): 454 - 484.

[41] Liu W, Fang C, Chen F, et al. Strong, reusable, and self-healing lignin-containing polyurea adhesives. ChemSusChem, 2020, 13 (17): 4691 - 4701.

[42] Müller A, Nunes M T, Maldaner V, et al. Rice drying, storage and processing: effects of post-harvest operations on grain quality. Rice Sci, 2022, 29 (1): 16 - 30.

[43] Terrer C, Jackson R B, Prentice I C, et al. Nitrogen and phosphorus constrain the CO_2 fertilization of global plant biomass. Nat Clim Chang, 2019, 9 (9): 684 - 689.

[44] Darabi A, Jessop P G, Cunningham M F. CO_2-responsive polymeric materials: synthesis, self-assembly, and functional applications. Chem Soc Rev, 2016, 45 (15): 4391 - 4436.

[45] Qian Y, Zhang Q, Qiu X, et al. CO_2-responsive diethylaminoethyl-modified lignin nanoparticles and their application as surfactants for CO_2/N_2-switchable pickering emulsions. Green Chem, 2014, 16 (12): 4963 - 4968.

[46] Liang W, Zhang J, Wurm F R, et al. Lignin-based non-crosslinked nanocarriers: a promising delivery system of pesticide for development of sustainable agriculture. Int J Biol Macromol, 2022, 220: 472 - 481.

[47] Bandopadhyay S, Martin-Closas L, Pelacho A M, et al. Biodegradable plastic mulch films: impacts on soil microbial communities and ecosystem functions. Frontiers in Mi-

crobiology，2018，9：819.

[48] Li S，Ding F，Flury M，et al. Macro and microplastic accumulation in soil after 32 years of plastic film mulching. Environmental Pollution，2022，300：118945.

[49] Yang Y，Li Z，Yan C，et al. Kinetics of microplastic generation from different types of mulch films in agricultural soil. Science of the Total Environment，2022，814：152572.

[50] Bilck A P，Grossmann M V E，Yamashita F. Biodegradable mulch films for strawberry production. Polymer Testing，2010，29（4）：471－476.

[51] Menossi M，Cisneros M，Alvarez V A，et al. Current and emerging biodegradable mulch films based on polysaccharide bio-composites. a review. Agronomy for Sustainable Development，2021，41（4）：53.

[52] Sun Z，Ning R，Qin M，et al. Sustainable and hydrophobic polysaccharide-based mulch film with thermally stable and ultraviolet resistance performance. Carbohydrate Polymers，2022，295：119865.

[53] Zhang S，Zhou J，Gao X，et al. Preparation of eco-friendly cryogel absorbent/paper mulch composite with cellulose/$ZnCl_2$ gel as adhesive. Industrial Crops and Products，2022，177：114477.

[54] Sun E，Zhang Y，Yong C，et al. Biological fermentation pretreatment accelerated the depolymerization of straw fiber and its mechanical properties as raw material for mulch film. Journal of Cleaner Production，2021，284：124688.

[55] Rao J，Gao H，Guan Y，et al. Fabrication of hemicelluloses films with enhanced mechanical properties by graphene oxide for humidity sensing. Carbohydrate Polymers，2019，208：513－520.

[56] Zhang X，Luo W，Xiao N，et al. Construction of functional composite films originating from hemicellulose reinforced with poly（vinyl alcohol）and nano-ZnO. Cellulose，2020，27（3）：1341－1355.

[57] Zhang X，Gao D，Luo W，et al. Hemicelluloses-based sprayable and biodegradable pesticide mulch films for chinese cabbage growth. International Journal of Biological Macromolecules，2023，225：1350－1360.

[58] Zhang X，Wang H，Liu C，et al. Synthesis of thermoplastic xylan-lactide copolymer with amidine-mediated organocatalyst in ionic liquid. Scientific Reports，2017，7：551.

[59] Zheng T，Yang L，Zhang X，et al. Conversion of corncob residue to sustainable lignin/cellulose film with efficient ultraviolet-blocking property. Industrial Crops and Products，2023，196：116517.

[60] Barros J J P，Oliveira R R，Luna C B B，et al. Effectiveness of modified lignin on poly

(butylene adipate-co-terephthalate) /poly (lactic acid) mulch film performance. Journal of Applied Polymer Science，2023，140 (46)：e54684.

[61] Gebreyohannes A Y，Aristizabal S L L，Silva L，et al. A lignin-based membrane fabricated with a deep eutectic solvent. Green Chemistry，2023，25 (12)：4769-4780.

[62] Dudeja I，Mankoo R K，Singh A，et al. Development，characterisation and biodegradability of rice straw lignin based sustainable biopolymeric films. International Journal of Food Science and Technology，2023，58 (5)：2754-2763.

[63] Xu L，Zheng Z，Lou Z，et al. Preparation of ultrafine wheat straws with co-milling and its incorporation for biodegradable mulch film production with enhanced performance. Chemical Engineering Journal，2023，470：143978.

[64] Wang X，Li X，Sang W，et al. Hydrothermal wheat straw-reinforced polyvinyl alcohol biodegradable mulch film. Water Air and Soil Pollution，2023，234 (11)：695.

[65] Imam S，Bilbao-Sáinz C，Chiou B S，et al. Biobased adhesives，gums，emulsions，and binders：current trends and future prospects. Journal of Adhesion Science and Technology，2012，18-19 (27)：1972-1997.

[66] Ang A，Ashaari Z，Lee S H，et al. Lignin-based copolymer adhesives for composite wood panels-a review. International Journal of Adhesion and Adhesives，2019 (95)：102408.

[67] Alinejad M，Henry C，Nikafshar S，et al. Lignin-based polyurethanes：opportunities for bio-based foams，elastomers，coatings and adhesives. Polymers，2019，7 (11)：1202.

[68] Tribot A，Ghenima A，Abdou Alio M，et al. Wood-lignin：supply，extraction processes and use as bio-based material. European Polymer Journal，2019 (112)：228-240.

[69] Wang H，Pu Y，Ragauskas A，et al. From lignin to valuable products-strategies，challenges，and prospects. Bioresour Technol，2019 (271)：449-461.

[70] Jiang X，Savithri D，Du X，et al. Fractionation and characterization of kraft Lignin by sequential precipitation with various organic solvents. ACS Sustainable Chemistry & Engineering，2017，1 (5)：835-842.

[71] Xiong S J，Pang B，Zhou S J，et al. Economically competitive biodegradable PBAT/lignin composites：effect of lignin methylation and compatibilizer. ACS Sustainable Chemistry & Engineering，2020，13 (8)：5338-5346.

[72] Gong X，Meng Y，Lu J，et al. A review on lignin-based phenolic resin adhesive. Macromolecular Chemistry and Physics，2022，4 (223)：2100434.

[73] Jin Y，Cheng X，Zheng Z. Preparation and characterization of phenol-formaldehyde ad-

hesives modified with enzymatic hydrolysis lignin. Bioresource Technology，2010，6 (101)：2046 - 2048.

[74] Zhan B，Zhang L，Deng Y，et al. A multifunctional lignin-based composite ultra-adhesive for wood processing. Green Chemistry，2023，23 (25)：10061 - 10071.

[75] Laurichesse S，Avérous L. Chemical modification of lignins：towards biobased polymers. Progress in Polymer Science，2014，7 (39)：1266 - 1290.

[76] Wu S，Zhan H Y. Characteristics of demethylated wheat straw soda lignin and its utilization in lignin-based phenolic formaldehyde resins. Cellulose Chemistry and Technology，2001 (35)：253 - 262.

[77] Vanholme R，Demedts B，Morreel K，et al. Lignin biosynthesis and structure. Plant Physiology，2010，3 (153)：895 - 905.

[78] Zhao W，Liang Z，Feng Z，et al. New kind of lignin/polyhydroxyurethane composite：green synthesis, smart properties, promising applications, and good reprocessability and recyclability. ACS Applied Materials & Interfaces，2021，24 (13)：28938 - 28948.

[79] 张学敏，龙来早，马福波，等. 聚氨酯木材胶黏剂的研究进展. 中国胶黏剂，2018，6 (27)：48 - 52.

[80] Vieira F R，Gama N，Magina S，et al. Polyurethane adhesives based on oxyalkylated kraft lignin. Polymers，2022，23 (14)：5305.

[81] Sonnenfeld C，Mendil-Jakani H，Agogué R，et al. Thermoplastic/thermoset multilayer composites：a way to improve the impact damage tolerance of thermosetting resin matrix composites. Composite Structures，2017 (171)：298 - 305.

[82] Cao Q，Zhang Y，Chen J，et al. Electrospun biomass based carbon nanofibers as high-performance supercapacitors. Industrial Crops and Products，2020 (148)：112181.

[83] Gouveia J R，Garcia G E S，Antonino L D，et al. Epoxidation of kraft lignin as a tool for improving the mechanical properties of epoxy adhesive. Molecules，2020，11 (25)：2513.

[84] Zhang H，Chen T，Li Y，et al. Novel lignin-containing high-performance adhesive for extreme environment. International Journal of Biological Macromolecules，2020 (164)：1832 - 1839.

[85] Wang W，Li Y，Zhang H，et al. Double-Interpenetrating-network lignin-based epoxy resin adhesives for resistance to extreme environment. Biomacromolecules，2022，3 (23)：779 - 788.

[86] Kong X，Xu Z，Guan L，et al. Study on polyblending epoxy resin adhesive with lignin

I-curing temperature. International Journal of Adhesion and Adhesives，2014（48）：75-79.

[87] Okolie J A，Nanda S，Dalai A K，et al. Chemistry and specialty industrial applications of lignocellulosic biomass. Waste and Biomass Valorization，2021，5（12）：2145-2169.

[88] Liu L，Qiu M，Zhang H，et al. Green and efficient utilization of beech sawdust waste for sorbitol production：direct conversion residue via Ru₂P/OMC derived from separated lignin. Chemical Engineering Journal，2023（477）：147093.

[89] Zhou Y，Smith R L，Qi X. Chemocatalytic production of sorbitol from cellulose <i>via</i> sustainable chemistry a tutorial review. Green Chemistry，2024，1（26）：202-243.

[90] 燕亚平. 纤维素酶解的研究进展. 山东工业技术，2017，10：211.

[91] Zeng M，Pan X. Insights into solid acid catalysts for efficient cellulose hydrolysis to glucose：progress，challenges，and future opportunities. Catalysis Reviews-Science and Engineering，2022，3（64）：445-490.

[92] 孙姚瑶，杨晓瑞，金爽，等 纤维素催化转化为葡萄糖及多元醇的研究进展. 食品工业科技，2023，6（44）：459-467.

[93] Fukuoka A，Dhepe P L. Catalytic conversion of cellulose into sugar alcohols. Angewandte Chemie-International Edition，2006，31（45）：5161-5163.

[94] Qiu M，Zheng J，Yao Y，et al. Directly converting cellulose into high yield sorbitol by tuning the electron structure of Ru₂P anchored in agricultural straw biochar. Journal of Cleaner Production，2022（362）：132364.

[95] Li Z，Liu Y，Liu C，et al. Direct conversion of cellulose into sorbitol catalyzed by a bifunctional catalyst. Bioresource Technology，2019（274）：190-197.

[96] Alvira P，Tomas-Pejo E，Ballesteros M，et al. Pretreatment technologies for an efficient bioethanol production process based on enzymatic hydrolysis：a review. Bioresource Technology，2010，13（101）：4851-4861.

[97] Lazaridis P A，Karakoulia S A，Teodorescu C，et al. High hexitols selectivity in cellulose hydrolytic hydrogenation over platinum（Pt）vs. ruthenium（Ru）catalysts supported on micro/mesoporous carbon. Applied Catalysis B-Environmental，2017（214）：1-14.

[98] Gao K，Xin J，Yan D，et al. Direct conversion of cellulose to sorbitol via an enhanced pretreatment with ionic liquids. Journal of Chemical Technology and Biotechnology，2018，9（93）：2617-2624.

[99] 孟傲杰，赵辉，郭丽芳，等. 打浆-高压均质法制备与调控多尺度纤维素微纳米纤丝. 林产化学与工业，2020，40（4）：100-106.

[100] 姚曜，孙振炳，李晓宝，等. 羧甲基纤维素复合膜的研究现状. 包装工程，2022，43（1）：10-16.

[101] 王希，郭露，冯前，等. 聚乙烯醇/纳米纤维素/石墨烯复合薄膜的制备与性能. 林业工程学报，2018，3（5）：84-90.

[102] Domingues R M A，Gomes M E，Reis R L，The potential of cellulose nanocrystals in tissue engineering strategies. Biomacromolecules，2014，15：2327-2346.

[103] Jonoobi M，Oladi R，Davoudpour Y，et al. Different preparation methods and properties of nanostructured cellulose from various natural resources and residues：a review. Cellulose，2015，22：935-969.

[104] Gibson P W，Lee C，Ko F，et al. Application of nanofiber technology to nonwoven thermal insulation. J Eng Fiber Fabr，2007，2：32-40.

[105] Mazalevska O，Struszczyk M H，Chrzanowski M，et al. Application of electrospinning for vascular graft performance preliminary results. Fibres Text East Eur，2011，87：46-52.

[106] 梁武，聂英. 农作物秸秆综合利用：国外经验与中国对策. 世界农业，2017（9）：34-38.

[107] 王金武，唐汉，王金峰. 东北地区作物秸秆资源综合利用现状与发展分析. 农业机械学报，2017，48（5）：1-21.

[108] 宋大利，侯胜鹏，王秀斌，等. 中国秸秆养分资源数量及替代化肥潜力. 植物营养与肥料学报，2018，24（1）：1-21.

[109] Neto T W B，Ladeira M M A C，Oliveira C D A C，et al. Effect of mechanical treatment of eucalyptus pulp on the production of nanocrystalline and microcrystalline cellulose. Sustainability，2021，13（11）：5888.

[110] 陈珊珊. 葵花籽壳纳米纤维素的制备及其在大豆分离蛋白基可食膜中的应用. 长春：吉林大学，2016.

[111] H G C，Serpa A，Velásquez-Cock J，et al. Vegetable nanocellulose in food science：a review. Food Hydrocolloids，2016，57：178-186.

[112] Haitao S，Xinru S，Zhongsu M. Effect of incorporation nanocrystalline corn straw cellulose and polyethylene glycol on properties of biodegradable films. Journal of food science，2016，81（10）：E2529-E2537.

[113] 王阳，赵国华，肖丽，等. 源于食品加工副产物纳米纤维素晶体的制备及其在食品中的应用. 食品与机械，2017，33（2）：1-5，38.

[114] Hao X，Mou K，Jiang X，et al. High-value applications of nanocellulose. Paper and Biomaterials，2017，2（4）：58 - 64.

[115] 刘学华. 水热法制备纳米纤维素气凝胶及其吸附性能研究. 哈尔滨：东北林业大学，2019.

[116] 宋亭，张丽媛，于润众. 玉米秸秆纳米纤维素制备的工艺优化. 现代食品科技，2022，38（1）：264 - 270.

[117] 王艳玲，张哲源，李岳姝，等. 高压蒸煮法提取玉米秸秆中纳米纤维素. 山东工业技术，2022（2）：55 - 58.

[118] 祁明辉，易锬，莫琪，等. 硫酸水解辅助高压均质法制备小麦秸秆纳米纤维素. 中国造纸学报，2020，35（3）：1 - 8.

[119] 黄丽婕，张晓晓，徐铭梓，等. 木薯渣纳米纤维素的制备与表征. 包装工程，2019，40（15）：16 - 23.

[120] 罗苏芹，戴宏杰，黄惠华. 不同制备方法对菠萝皮渣纳米纤维素的结构影响. 包装与食品机械，2018，36（5）：1 - 6.

[121] 孙海涛，邵信儒，瞿照婷，等. 玉米秸秆纳米纤维素的制备及表征. 食品科学，2018，39（08）：205 - 211.

[122] Ayse A，Mohini S. Isolation and characterization of nanofibers from agricultural residues：wheat straw and soy hulls. Bioresource technology，2008，99（6）：1664 - 1671.

[123] Mishra P S，Anne S M，Chabot B，et al. Production of nanocellulose from native cellulose-various options utilizing ultrasound//china technical association of paper industry. Centre de Recherche en Pates et Papiers（CRPP），3351，boulevard des Forges，Trois-Rivieres（Quebec）Canada G9A 5H7，2011：6.

[124] 张静，丁长坤，段镜月，等. 聚乳酸/纤维素纳米晶复合材料的制备与性能研究. 中国塑料，2018，32（3）：22 - 26.

[125] 任素霞，董莉莉，张修强，等. 高过滤性纳米纤维素/聚丙烯腈复合空气滤膜制备研究. 河南科学，2019，37（3）：356 - 360.

图书在版编目（CIP）数据

秸秆预处理及组分分离技术 / 申锋等著. -- 北京 ：
中国农业出版社，2024. 10. -- ISBN 978-7-109-32611
-8

Ⅰ. S38

中国国家版本馆 CIP 数据核字第 2024LS4401 号

中国农业出版社出版

地址：北京市朝阳区麦子店街 18 号楼
邮编：100125
责任编辑：魏兆猛
版式设计：杨　婧　　责任校对：吴丽婷
印刷：中农印务有限公司
版次：2024 年 10 月第 1 版
印次：2024 年 10 月北京第 1 次印刷
发行：新华书店北京发行所
开本：700mm×1000mm　1/16
印张：11.75
字数：200 千字
定价：68.00 元
